景运革 ‖ 著

面向动态数据高效属性约简算法研究

西南交通大学出版社
·成都·

图书在版编目（CIP）数据

面向动态数据高效属性约简算法研究／景运革著．
—成都：西南交通大学出版社，2017.12
ISBN 978-7-5643-5968-3

Ⅰ．①面… Ⅱ．①景… Ⅲ．①数据采集－算法分析
Ⅳ．①TP311.13

中国版本图书馆 CIP 数据核字（2017）第 317829 号

面向动态数据高效属性约简算法研究 | 景运革 著 | 责任编辑 张宝华 | 封面设计 何东琳设计工作室

印张 11　字数 164千
成品尺寸 170 mm×230 mm
版次 2017年12月第1版
印次 2017年12月第1次
印刷 成都蓉军广告印务有限责任公司
书号 ISBN 978-7-5643-5968-3

出版发行 西南交通大学出版社
网址 http://www.xnjdcbs.com
地址 四川省成都市二环路北一段111号
西南交通大学创新大厦21楼
邮政编码 610031
发行部电话 028-87600564 028-87600533
定价 56.00元

前言

随着计算机网络技术、计算机存储技术和通信技术的迅猛发展，各行各业形成的大数据既为企业的发展提供了大好机遇，也给企业带来了严峻的挑战. 如何能够及时有效地从大数据中发现有用的知识和信息已成为当前十分迫切的问题. 另外，各种应用数据在现实中不断地动态变化，包括旧数据的删除和新数据的增加以及一些错误数据的修订等，如何设计基于大数据的实时属性约简高效算法是当前大数据处理研究领域中人们普遍关注的一个核心问题. 增量学习方法可以利用原有的计算结果对新进来的知识进行动态更新和修正，使更新后的知识更具有实时性，从而极大地降低大数据分析处理对时间和空间的需求.

本书围绕基于粗糙集动态属性约简算法这一目标进行研究，具体包括粗糙集理论的基本知识和属性约简的基本概念等内容. 针对决策信息系统中对象动态变化时如何有效更新属性约简的问题，探讨了计算知识粒度和正域的增量更新机制，提出了对象变化后的动态属性约简算法；针对决策信息系统中属性随着时间动态增加时如何有效更新属性约简的问题，分析了计算知识粒度和正域的增量更新原理，设计了属性增加后的动态属性约简算法；针对决策信息系统中属性值动态变化时如何有效更新属性约简的问题，分析了对象的属性值发生变化后获取知识粒度和正域的增量更新机制，提出了对象值变化后动态属性约简算法；针对如何有效更新动态大数据属性约简的问题，利用粗糙集中多粒度的概念和“分而治之”方法分析大数据属性约简机制，并分析了决策信息系统知识粒度增量更新机制，设计了基于多粒度粗糙集模型的属性约简算法和基于多粒度粗糙集模型的动态属性约简算法；针对决策信息系统中属性增加且属性值粗化时如何有效获取约简的问题，分析了属性增加和属性值粗化计算正域的增量更新机制，提出了属性增加且属性值粗化动态属性约简算法；针对决策信息系统中属性值粗化且对象增加时如何有效计算约简的问题，分析了属性值粗化且对象增加获取正域的增量更新原理，设计了属性值粗化且对象增加的动态属性约简算法. 本书的出版对从事粗糙集理论和粒计算理论研究、知识发现和数据挖掘研究的科技工作者具有重要的参考价值.

本书在出版过程中得到了国家自然基金项目（项目编号：N0,61703363）和运城学院院级项目（项目名称：面向动态大数据高效属性约简算法研究）的资助，在此表示衷心的感谢.

由于作者学识水平有限和时间仓促，书中难免存在疏漏和不足之处，恳请各位读者批评指正.

景运革

2017 年 9 月

目 录

第1章 绪 论

1.1 研究背景与研究意义

随着计算机网络技术、通信技术和计算机存储技术的迅速发展以及计算机运算能力的不断提高，金融投资、商业领域、产品制造、医疗卫生和生活娱乐等各行各业产生和存储的数据量随着时间的变化在迅速增长，社会已经迈进大数据时代. 对于现代信息社会中的众多行业而言，大数据就是它们共同面对的严峻挑战，同时也为它们的快速发展提供了难得的机遇[1, 2]. 大数据分析和处理在社会管理、经济运行、图像处理、交通管理、股市预测等各个方面都得到了广泛的应用. 研究者通过对大数据进行分析和挖掘，对各行各业做出正确的决策和创新，从而在未来的市场中占有主动权和获得对市场的支配权起到积极的作用[3, 4, 155, 157, 161, 162, 163]. 通信、计算机存储和计算机网络等技术的快速发展使得大数据每天都在实时变化和增长，大数据的动态变化特点已经成为大数据挖掘和分析所面临的困难和挑战[5, 6]. 如何对动态变化的大数据进行高效实时处理和设计动态高效属性约简算法已经成为当前人工智能研究领域中的热点和挑战性任务[7, 8, 156].

粒计算是知识发现中非常有效的计算工具，主要用来解决那些具有复杂的、不完整的、不确定的、模糊的大数据知识发现的问题，它为信息处理提供了用于求解“粒”和“粒”间相关联问题的方案，是目前数据挖掘和人工智能领域中模拟人的思维模式及行为方式以及解决复杂问题的有效技术之一[9, 10]. 它是通过把复杂问题分解成不同的“信息粒”的方法来实现复杂问题简单化的. 利用粒计算理论中多层次、多视角和分而治之的简化方法可以对大数据进行高效分析与处理，从而提供从不同粒度层次上对复杂问题进行分析和处理的高效方法，提高实时处理问题的计算效率. 粗糙集是一种非常有效的数学计算工具，可以用来分析和处理具有不精确性和不确定性的复杂问题. 它在处理分析复杂数据时不需要任何先验的知识，只需对数据集进行属性、属性值的约简，便可生成数据集的关联规则，进而引导企业制订正确的决策. 粗糙集和粒计算理论与方法所具有的这些优势将为大数据环境下的属性约简算法及其优化策略提供坚实的理论依据和方法指导.

另外，由于科学技术和计算机网络的发展使大量的数据出现快速变化的趋势，每时每刻都有很多实时数据动态增加到数据集中或从数据集中删除，如何设计基于动态数据属性约简的高效算法是当前信息科学研究领域中研究者普遍关注的一个热点问题. 增量学习方法能够模拟人的认知机理，可以利用原有的计算结果对新进来的知识进行动态更新和修正，使更新后的知识更具有实时性，从而极大地降低动态数据分析处理对时间和空间的需求. 因此，利用增量学习方法研究基于粗糙集动态属性约简的高效算法，对于提高数据挖掘效率和实时处理能力具有重要的借鉴意义. 本研究运用粗糙集理论中的属性约简算法及增量学习技术研究决策信息系统中属性集、对象集以及属性值随着时间变化动态更新情况下的数据挖掘方法，从理论和算法上探讨了在不同粒度层次之间增量更新机理和属性约简的高效算法. 本研究成果将有助于拓展粗糙集属性约简的应用范围，对完善粗糙集理论与方法具有重要的意义.

1.2 粒计算理论的研究现状

粒计算是通过粒的分解和合成来处理复杂问题的计算方法的，它已经成为目前人工智能、数据挖掘等研究领域中模仿人类思维和求解复杂问题的主要工具[11, 12]. 通过寻求合适的求解粒度和问题描述，粒计算能够把复杂的问题分解成简单的模块，利用“分而治之”技术降低求解复杂问题的计算难度，使信息处理效率得到很大的提高. 粒计算理论、方法和框架已经广泛地应用于形式概念理论、粗糙集理论、商空间理论和三支决策理论等不同领域中. 1979 年，Zadeh 对模糊信息粒化问题进行了讨论和分析，提出了模糊信息粒化中粒度、因果和组织三个基本概念[13]，进而提出了人类认知领域中的主要概念如组织、粒度和因果，之后又和 Lin 一起设计了粒计算方法[14].

近几年,国内外许多学者在粒计算理论研究方面已经取得很多成果. Yao 阐述了粒计算理论并将粒计算和解释概念相结合,把粒度集合之间的包含关系和 If-Then 关系联系到一起，提出了求解一致分类问题的方法[15, 16]. Lin 对粒计算中粗糙集和模糊集方法进行了分析和比较，提出了基于邻域关系的粒计算方法[17]. 苗夺谦等依据粒计算的形式化描述问题，在粒度空间中定义了论域、基和粒结构三层模型的概念，并对基、覆盖和粒结构在多层次粒度下的相关性质进行了讨论和分析[19]. 梁吉业等给出了知识粒度度量方法的概念，分析和比较了信息熵、粗糙熵、粒度度量和知识粒度之间的关系[6]. Qian 等在模糊粒计算信息粒度理论的基础上，讨论了二元粒结构的偏序关系、操作符、模糊信息系统的粒度和公理化方法[24]. 袁学海等把代数中的超群理论引入到粒计算理论中,利用正规超群来刻画 Pawlak 的近似空间[31]. 刘清等介绍了基于 Rough 逻辑语义粒的定义，探讨和分析了其相关性质，设计了逻辑语义粒的归结和演绎推理方法[32]. 闫林等分析了粒和粒空间之间的关系，提出了粒语义推理并进行了讨论[33]. 折延宏等重新给出了 Zoom-out 和 Zoom-in 两个不同算子的概念,提出了一种基于覆盖的粒计算方法[34]. 邱桃荣等针对多值信息系统不确定性问题，给出了属性值的近似表示方式，设计了相容信息粒的计算方法，构造了粒计算的多层次概念框架和获取方法[36].

在粒计算模型构建方面，Wang 等描述了不完备数据集中属性值的容差关系，建立了容差关系粒度空间模型，提出了不完备数据粒表示、粒分解及粒运算方法[20]. Zheng 等根据人能够将知识泛化成不同大小粒度的能力，探讨了粒之间关系对解决复杂问题的能力，构建了相容粒度空间模型和算法[21]. 仇国芳等在两个完备格之间给出了外延内涵算子和内涵外延算子的概念，构建了概念粒计算系统的模型，并在该系统模型下给出迭代计算概念粒的算法[25]. 胡峰等针对不完备信息系统中的粒计算问题，给出了粒的表示形式、粒运算的规则及粒分解的运算方法，构造了属性必要性的判定模型，设计了不完备信息系统属性约简算法[26]. Pedrycz 等构建了模糊神经网络粒计算模型，提出了模糊建模的多层次算法[28]. 在信息系统发生变化时，张铃等将时间变量引入到商空间模型中，构建了动态商空间模型，并在拓扑结构保持不变而论域和属性发生变化以及拓扑结构发生变化而论域和属性保持不变两种情况下，讨论了信息系统动态商空间的属性和性质[30].

在粒计算应用研究方面，苗夺谦等描述了知识粒度和属性重要度的概念，引入了系统协调度计算方法，并把这些概念和计算方法应用到属性约简算法和决策树构造等方面[18]. Yager 利用粒计算理论及方法来分析社交网络问题，提出了智能社交网络分析方法[22, 23]. Pedrycz 等利用粒计算理论和方法分析复杂系统建模问题，讨论了最优分配问题和信息粒的构建[27]. Saberi 等将粒计算理论和方法应用到个人信用风险评估中，提出了评估在线用户信用状态的粒计算方法[29]. Mauricio 等根据多元数据模糊信息粒化的特点，构建了一种基于粒计算的自适应模糊聚类方法[35]. Skowron 等给出了不同粒度下近似空间的描述，并将其应用于机器学习和数据挖掘方法中[37]. Dong 等用模糊聚类技术构造时间序列信息粒，并将粒计算理论用于解决时间序列分析问题[38].

1.3 粗糙集理论的研究现状

由于粗糙集理论能够有效地解决那些具有不精确性和不确定性的复杂问题，它已经被广泛地应用于模式识别、知识发现等领域中.

近几十年，粗糙集在理论研究方面已经取得很大进展. 数学家 Pawlak 于 1982 年首次提出了粗糙集理论与方法[39]. Yao 等利用信息粒定义目标概念的上、下近似集，并根据上、下近似集的概念把论域分成正域、负域和边界域互不相交的三部分[40, 41]. 由于 Pawlak 提出的经典粗糙集模型在处理复杂类型数据时存在一定的局限性，许多研究者提出了经典粗糙集扩展模型并将其应用于处理复杂类型数据的问题上[42]. 针对决策信息系统中存在缺失数据问题，Kryszkiewicz 等提出了基于容差关系的粗糙集模型[43]. 尹旭日等提出了带约束相似关系的粗糙集模型[44]. 针对相似关系和容差关系粗糙集模型在划分对象时存在的不合理问题，王国胤提出了基于限制容差关系的粗糙集模型[45]. Yao 等把统计学中贝叶斯方法和粗糙集理论相结合，提出了一种决策粗糙集模型[46]，并进一步对经典粗糙集三支决策规则进行了分析和解释[47]. Ziarko 在经典粗糙集中引入误分类参数，提出了变精度粗糙集模型[48]. Slowinsik 等给出了相容关系上、下近似集的定义，提出了相容关系粗糙集模型[49]. Greco 等为了处理信息系统中具有优势关系的数据，提出了优势关系粗糙集模型[50]. Herbert 等把数学中的博弈论运用到决策粗糙集模型中，提出了博弈论粗糙集模型[51]. Pawlak 等把概率论方法与变精度粗糙集模型相结合，建立了概率粗糙集模型[52].

另外，Inuiguchi 等把概率粗糙集模型策略运用到优势粗糙集模型中，建立了变精度优势关系粗糙集模型[53]. Hu 等把模糊集和优势集结合在一起，建立了模糊优势粗糙集模型[54]. 针对信息系统具有多论域情况，Yan 等建立了双论域粗糙集模型[55]. Sun 等在模糊双论域相容关系粗糙集模型基础上，给出了两种扩展模糊粗糙集模型，并把它们运用到医疗诊断分析中[56]. 胡军等针对覆盖粗糙模糊集模型中的不合理问题，提出了一种改进的覆盖粗糙模糊集模型[57]. Leung 等针对区间信息系统中分类规则获取问题，建立了区间信息系统粗糙集模型[68]. 在集值信息系统中，Chen 等在变精度粗糙集模型中引入概率粗糙集模型，建立了函数集值粗糙集模型[69]. 张文修等利用随机集描述和刻画粗糙集近似算子，建立了一种基于随机集的粗糙集模型[70]. 证据理论在处理经验性和主观知识问题时具有很大优势，朱琼瑶等提出了证据理论粗糙集模型，并把它运用到水质分析预警中[71]. Yao 等把经典粗糙集模型中对象等价类看成对象的邻域，建立了邻域算子粗糙集模型[72]. Yao 等探讨了 k-step 邻域信息决策系统中近似算子操作及相关性质[73].

另外，在多粒度粗糙集模型研究方面，Qian 等在粗糙集模型中引入了多粒度概念，建立了乐观多粒度及悲观多粒度两种粗糙集模型[156]，并进一步把决策粗糙集模型运用到多粒度粗糙集模型中，构建了多粒度决策粗糙集模型[66]. Yang 等把优势关系模型引入到多粒度粗糙集模型中，建立了乐观多粒度及悲观多粒度两种优势关系粗糙集模型，并分析和讨论了它们之间的联系[58]. Wang 等建立了不完备序决策信息系统多粒度粗糙集模型，从而扩展了多粒度粗糙集模型的应用范围[59]. 张明等针对悲观多粒度粗糙集和乐观多粒度粗糙集在解决实际问题中存在一定的局限性，构建了可变多粒度粗糙集模型，并分析了其相关性质，设计了可变多粒度粗糙集模型属性约简算法[60]. Lin 等构建了邻域多粒度粗糙集模型，设计了邻域多粒度粗糙集覆盖属性约简算法[61]，进一步定义了三种多粒度覆盖粗糙集的概念，分析和探讨了三种多粒度覆盖粗糙集的相关性质[62]. 黄婿等在多粒度覆盖粗糙集中用最小描述生成两类上、下近似算子，设计了最小描述的属性约简算法[63]. Xu 等把相容关系运用到粗糙模糊集中，结合多粒度概念，建立了相容关系的悲观多粒度及乐观多粒度两种粗糙模糊集模型，并给出了这两种多粒度粗糙模糊集的性质及关系[64]. 李子勇把多粒度决策粗糙集理论引入到覆盖粗糙集理论中，设计了覆盖多粒度决策理论粗糙集方法[65]. 杨习贝等定义了混合多粒度空间的概念，构建了一种混合多粒度粗糙集模型，并对其基本性质进行了深入探讨[67].

上述粗糙集扩展模型可以有效地解决 Pawlak 经典粗糙集模型在处理复杂类型数据时存在的局限性问题，丰富了粗糙集理论，促进了它的蓬勃发展.

1.4 基于粗糙集属性约简的研究现状

1.4.1 粗糙集静态属性约简的研究现状

粗糙集理论中属性约简的作用就是删除决策信息系统中的冗余属性、降低数据维度. 针对特征维度高的数据，属性约简可以有效解决其计算的准确性和复杂性问题，对于提高数据挖掘效率和减少数据计算时间与占用空间具有非常重要的作用，是信息预处理中的一个关键环节. 国内外许多学者对它进行了深入研究和探讨且取得了一定成绩.

在差别矩阵属性约简算法研究方面，Skowron 等介绍了决策信息系统中差别函数和差别矩阵的概念，讨论了它们的相关性质，提出了属性核计算方法及属性约简算法[74]. Wang 等给出了差别矩阵的概念，提出了一种完备属性约简算法，其属性约简的质量取决于预先定义的属性顺序[75]. Zhang 等[76]和 Wang 等[77]分别对这种完备算法做了一些改进，使该属性约简算法同样适用于没有给出属性顺序的情况，提高了属性约简质量. Chen 等针对覆盖决策信息系统，给出了覆盖决策信息系统差别矩阵表示形式，提出了覆盖决策信息系统完备属性约简算法[78]. 周献中等给出了不同目标下的广义属性约简算法和一般意义下的差别矩阵定义[79]. 张颖淳等利用差别矩阵设计了启发式属性约简算法，并将其应用到数据挖掘中[80]. Miao 等给出了一致和不一致决策信息系统差别矩阵的定义，并将其应用到基于粗糙集理论属性的约简算法中[81].

在正区域属性约简算法研究方面，刘少辉等设计了一种能够快速计算决策信息系统的正区域算法[82]. 徐章艳等提出了一种基于基数排序计算的决策信息系统正区域算法[83]. 刘勇等分析了决策信息系统中的不一致度性质，提出了基于二次 Hash 表的正区域属性约简算法[84]. 冯林等针对不一致决策信息系统中计算正区域扩展方法存在着缺陷问题，提出了一种改进的正区域属性约简算法[85]. 我们也给出了决策信息系统中布尔矩阵的表示形式，并将其应用于基于正区域的属性约简算法中[86].

在信息表示属性约简算法研究方面，苗夺谦等把信息论中的信息熵概念引入到粗糙集理论中，从互信息知识出发，在互信息量的基础上提出了一种新的属性约简算法[87]. 王国胤等利用条件信息熵对粗糙集中的一些基本概念、性质及运算进行了探讨，并把条件信息熵运用到启发式属性约简算法中[88]. 陈杰等利用扩展信息熵重新定义属性重要性的概念，并把它运用到扩展信息熵属性约简算法中[89]. 杨明给出了决策信息系统条件信息熵近似约简的概念，设计了相应的属性约简算法[90]. 商琳等针对大部分属性约简算法只能处理离散值的属性问题，提出了一种可以处理连续值的属性约简算法[91]. 黄兵等从信息熵的观点出发，在不完备信息系统下，给出了粗集粗糙性及粗集覆盖知识约简的定义，提出了新的度量方法[92]. 徐久成等重新定义条件熵的概念，并将它们应用于基于信息熵的启发式属性约简中[93]. 陈媛等把信息熵和粗糙集理论相结合，从信息熵角度讨论决策信息系统中的一些基本概念和性质，设计了基于信息熵的属性约简算法，该算法能够加快决策信息系统的运行速度[95].

关于属性约简算法优化方面的研究，王国胤等将“分而治之”和并行策略运用到粗糙集属性约简算法中，可以有效解决大数据属性约简的问题[97, 98]. Chen 等首先给出了优势邻域粗糙集属性约简的性质，然后设计了一种基于优势邻域粗糙集的并行约简算法，为大数据属性约简问题提供了一种新的思路[160]. 冯林等针对大部分属性约简算法只能处理离散值问题，设计了一种新的属性约简算法，它能够快速获得具有连续值的属性约简[100]，并把关系数据库中 SQL 语言操作引入到粗糙集理论中，设计了相应的属性约简算法[101]. Yang 等重新定义了覆盖广义粗糙集模型下近似空间和属性约简的概念，并把它应用到覆盖广义粗糙集属性约简算法中[104]. 钱宇华等提出一种能够加速启发式属性约简算法的正区域加速器，可以有效解决传统属性约简算法在计算属性约简耗时过大问题[105]. 黄兵等把模糊粗糙集引入到优势粗糙集中，构建了优势模糊粗糙集模型，并在该模型下设计了相应的属性约简算法，并将该算法应用到审计风险评估中 [110]. Liang 等提出了一种更有效的属性约简算法，该算法将一个大的决策信息系统分成多个子决策信息系统，首先利用信息熵知识计算所有子决策信息系统属性约简，然后合并所有子决策信息系统属性约简，最后得到整个决策信息系统的近似属性约简[113]. 桑妍丽等把分布约简概念引入到悲观多粒度粗糙集模型中，选择合适粒度，提出了悲观多粒度粗糙集分布约简算法[114].

关于属性约简算法设计方面的研究，张文修等给出了不协调目标决策信息系统中最大分布约简的概念，提出了基于不协调目标决策信息系统的属性约简算法[96]. 胡清华等建立了邻域决策信息系统模型并讨论了其相关性质，构造了数值型属性选择算法，并将其用于知识约简中[99]. 段洁等将粗糙集理论引入到多标记数据特征选择中，在领域粗糙集模型下，给出了依赖度和下近似集的计算方法,提出了基于多标记分类的属性约简算法[102]. Zhao 等提出了决策粗糙集模型下的一种属性约简算法[103]. Kusunoki 等建立了变精度优势粗糙集模型并分析了其相关性质，提出了一种适用于变精度优势粗糙集模型的属性约简算法[106]. Wu 等基于证据理论提出了一种适用于不完整信息系统或决策系统的属性约简算法[107]. Yang 等设计了一种属性约简算法，它可用来处理区间值决策信息系统属性约简问题[108]. Hu 等构造了基于软模糊粗糙集模型下的依赖函数，并将其用于特征选取与知识约简算法中[109].

此外，于洪等针对经典粗糙集中基于正区域的约简算法缺陷，给出了概率粗糙集模型下属性重要型和风险最小化的概念，设计了基于风险最小化的特征选择方法[111]. 许韦等把相似关系、可变精度与多粒度粗糙集有机地结合在一起，提出了一种基于相似关系的变精度多粒度粗糙集的近似分布约简方法[112]. Qian 等介绍了多粒度粗糙集模型下近似属性约简的概念，设计了多粒度粗糙集近似约简方法,最后通过多粒度约简获取决策规则[115]. 李顺勇等把粒度计算引入到粗糙集理论中，建立了多粒度粗糙集属性约简模型，并在该模型下设计了相应的属性约简算法[116]. Liu 等提出了多粒度粗糙集模型下规则提取框架，在该框架基础上可以得到“OR”的决策规则[117]. Lin 等提出了邻域多粒度粗糙集特征选择方法[118].

1.4.2 粗糙集动态属性约简的研究现状

许多决策信息系统在现实生活中都会随着时间的变化而变化，用传统属性约简算法求解动态变化数据属性约简时，需要耗费大量的计算时间并占用较多的内存空间，导致运行速度较慢，如何动态更新属性约简并提高数据挖掘效率成为学者们普遍关注的一个问题. 近年来，许多研究者开始研究动态决策信息系统属性约简高效算法，以提高计算速度和分类精度.由于决策信息系统中对象集、属性集和属性值在现实生活中都可能会发生变化，许多学者分别从这三大要素变化方面对粗糙集中动态属性约简算法进行了研究.

（1）决策信息系统中对象集变化.

刘洋等针对决策信息系统对象集动态更新问题，分析了决策信息系统中对象增加时差别矩阵动态更新的机制，提出了一种对象集动态增加时增量特征选择方法[119]. 刘薇等分析了决策信息系统中对象增加时信息熵的增量更新机制和数学表示形式，提出了一种对象集动态增加时增量属性约简算法[94]。Xu 等分析了一些对象增加到决策信息系统情况下属性约简的更新机理，在 0-1 运算基础上，提出了一种对象集动态增加时增量属性约简算法[120]. Liang 等分析了一些对象增加到决策信息系统情况下三种信息熵的变化机制，提出了一种对象集动态增加时增量特征选择方法[121]. 杨明针对决策信息系统对象集动态更新问题，对差别矩阵进行改进，分析了决策信息系统中对象增加时改进差别矩阵动态更新的机制，设计了增量特征选择方法[122]. 罗来鹏根据决策信息系统对象动态增加情况，分析了二叉树增量更新机制，提出了基于对象动态增加时的增量属性约简算法[123]. 钱文彬等分析了决策信息系统对象增加时核属性的动态更新机制，并在信息熵的基础上，提出了基于对象动态变化下的核属性增量更新算法[124]. Jiang 等根据决策树自适应算法，提出了增量属性约简算法，并把所提出的增量属性约简算法应用到网络入侵数据检测中 [125]. 当决策信息系统增加一个对象时，Fan 等提出了决策规则增量更新策略[126]. 在覆盖粗糙集模型下，Lang 等针对对象集动态更新问题，提出了基于对象动态变化下的增量属性约简算法[127]. 谭旭在条件熵下定义了辨识矩阵的概念，分析了决策信息系统中对象增加时辨识矩阵动态更新机制，设计了增量特征选择方法[128]. 官礼和等根据决策信息系统中对象变化情况下的信息粒度增量更新原理，在属性序下辨识矩阵的基础上，设计了基于对象动态变化下的增量属性约简算法[129].

（2）决策信息系统中属性集变化.

Qian 等根据决策信息系统中属性动态增加和减少情况下信息粒度的变化规律，提出了正向近似和逆向近似，并成功应用于启发式属性约简算法的加速，为基于粗糙集的知识发现性能优化提供了新思路[130]. Wang 等分析了决策信息系统中属性随着时间变化而增加情况下三种信息熵增量更新原理和数学转化关系，提出了一种属性集动态变化增量属性约简算法[131]. 王磊等定义了决策信息系统知识粒度矩阵表示形式，并将其运用到属性约简算法中[132],又进一步分析了属性动态变化下用矩阵方法计算知识粒度的增量更新原理，提出了一种属性集动态变化增量属性约简算法[133]. 在混合决策信息系统中，Zeng 等给出了一种新的混合距离概念，结合混合距离和高斯核，分析了决策信息系统在属性变化下属性约简的增量更新机制，设计了基于模糊粗糙集的增量特征选择方法[134].

另外，Shu 等分析了不完备信息系统中属性集动态增加或删除情况下决策信息系统正区域的动态更新机制，提出了一种属性集动态变化下正区域增量属性约简方法[135]. Chan 等在单个属性增加或删除情况下，提出了粗糙概念近似的动态属性约简算法[136]. Li 等针对属性随着时间变化而发生变化的情况，设计了特性关系粗糙集模型下增量特征选择算法[137]. 在模糊粗糙集模型下，Cheng 等提出了基于属性动态变化下的增量属性约简高效算法[138]. 夏富春等给出了属性增加时增量更新核属性和属性约简的增量更新机制和数学表示形式，提出了基于属性增加下的增量属性约简算法[139]. 在多粒度粗糙集模型下，Yang 等给出了近似集和属性约简的增量更新机制，提出了多粒度粗糙集模型动态属性约简、近似集的增量策略和算法[140]. 我们也给出了决策信息系统中属性增加时利用矩阵方法计算知识粒度的增量更新机制，提出了基于属性增加下的增量属性约简算法[141].

（3）决策信息系统中属性值变化.

Wang 等分析了一些对象的属性值发生变化情况下三种信息熵的增量更新机制，提出了一种属性值动态变化增量属性约简算法[142]. 在变精度粗糙集模型中，王磊等针对决策信息系统属性值发生变化情况，分析了近似集增量更新机制，设计了相应的近似集增量算法[143]. 在不完备有序决策系统中，Chen 等讨论了属性值变化下优势特性关系粗糙集模型中近似集更新的原理，设计了向上向下近似集及属性值约简增量更新算法[144]. 季晓岚等针对决策信息系统属性值发生粗化、细化，给出了优势关系下决策信息系统近似集增量更新算法[145]. Chen 等针对决策信息系统属性值发生粗化、细化，建立了决策规则增量更新数学表示形式和关联规则增量算法[146]. Lang 等针对集值决策信息系统中属性值随着时间动态变化的问题，在不可分辨矩阵基础上，提出了属性值更新后增量属性约简算法[147]. 我们也针对决策信息系统多个属性值发生更改，提出了基于知识粒度的群增量属性约简算法，并通过理论分析和实验仿真，验证了该属性约简算法的有效性[164].

综合上述分析可知，针对决策信息系统中属性、对象和属性值变化的动态属性约简算法已经取得较多的研究成果，但随着决策信息系统数据量和复杂性的增加以及人们对知识发现的实时性和准确性有了更高的要求，如何利用粗糙集理论去寻求一种改进的动态属性约简算法，以便于更好地解决决策信息系统中数据动态变化下知识发现问题，已经成为当前信息领域研究中亟须解决的一个重要课题.

第 2 章　预备知识

本章主要论述与本研究相关的预备知识，以便为后续深入研究粗糙集中基于知识粒度的动态属性约简算法奠定基础. 本章将分别介绍经典粗糙集模型、多粒度粗糙集模型、矩阵计算和知识粒度度量等基本概念[6, 66, 114, 132, 133, 148, 150].

2.1　经典粗糙集模型

本节简要介绍经典粗糙集模型的相关知识及基本概念[6, 148].

定义 2.1[148]　决策信息系统 $S=(U, A=C\cup D, V, f)$ 是四元组，其中 U 为非空有限对象集合，称为论域；$A=C\cup D$ 是非空有限属性集合，C 和 D 分别是条件属性集和决策属性集；$V=\bigcup_{a\in C\cup D} V_a$ 为决策信息系统属性集的值域，其中属性 a 的值域为 V_a；决策信息系统的信息函数 $f: U\times(C\cup D)\to V$，且 $a\in C\cup D$，$x\in U$，有 $f(x,a)\in V_a$.

定义 2.2[148]　$S=(U, A=C\cup D, V, f)$ 是决策信息系统，$\forall P\subseteq C$，论域 U 的不可分辨关系定义为：

$$R_P=\{(x,y)\in U\times U \mid f(x,a)=f(y,a), \forall a\in P\}. \tag{2-1}$$

显然，不可分辨关系是一个等价关系. 它产生论域 U 的划分为 U/R_P，$U/R_P=\{E_1, E_2, \cdots, E_m\}$ 是由等价关系 R_P 形成的等价类集合. 由等价关系 R_P 形成的等价类 $[x]_{R_P}=\{y \mid (x,y)\in R_P\}$ 是粗糙集理论中的基本知识粒.

在粗糙集理论中引入上近似集和下近似集以便对 U 中任意子集进行近似描述，定义如下：

定义 2.3[148] 已知决策信息系统 $S=(U,A=C\cup D,V,f)$，R 是一个等价关系，$\forall X\subseteq U$，X 关于 R 的下近似集和上近似集分别定义为：

$$\underline{R}(X)=\cup\{y\in U/R_X \mid Y\subseteq X\}\text{；}\tag{2-2}$$

$$\overline{R}(X)=\cup\{y\in U/R_X \mid Y\cap X\neq\varnothing\}.\tag{2-3}$$

论域 U 被 X 的上、下近似集划分为正区域 $POS_R(X)$、负域 $NEG_R(X)$ 及边界域 $BND_R(X)$ 三个不相交的区域.

$$POS_R(X)=\underline{R}(X)\text{；}\tag{2-4}$$

$$NEG_R(X)=U-\overline{R}(X)\text{；}\tag{2-5}$$

$$BND_R(X)=\overline{R}(X)-\underline{R}(X).\tag{2-6}$$

下面通过一个实例来解释上述的基本定义.

例 2.1 表 2-1 是一个决策信息系统，其中论域 $U=\{1,2,3,4,5,6,7,8,9\}$，条件属性集 $C=\{a,b,c,f,e\}$，决策属性集 $D=\{d\}$.

表 2-1 一个决策信息系统

U	a	b	c	e	f	d
1	0	1	1	1	0	1
2	1	1	0	1	0	1
3	1	0	0	0	1	0
4	1	1	0	1	0	1
5	1	0	0	0	1	0
6	0	1	1	1	1	0
7	0	1	1	1	1	0
8	1	0	0	1	0	1
9	1	0	0	1	0	0

从表 2-1 得：

$U=\{x_i \mid 1\leqslant i\leqslant 9\}$，$C=\{a,b,c,f,e\}$，$D=\{d\}$；

$V_a=\{0,1\}$，$V_b=\{0,1\}$，$V_c=\{0,1\}$，$V_f=\{0,1\}$，$V_e=\{0,1\}$，$V_d=\{0,1\}$；

$U/C=\{E_1,E_2,E_3,E_4,E_5\}$，

其中，$E_1=\{1\}$，$E_2=\{2,4\}$，$E_3=\{3,5\}$，$E_4=\{6,7\}$，$E_5=\{8,9\}$.
假设 $X=\{1,2,3,6,7\}$，则：

$$\underline{R}(X)=\{1,6,7\}，\quad \overline{R}(X)=E_1\cup E_2\cup E_3\cup E_4=\{1,2,4,3,5,6,7\}.$$

2.2　多粒度粗糙集模型

粒计算是一种新兴的基于人类认知过程的软计算方法，主要用来解决那些具有复杂的、不完整的、不确定的、模糊的大数据复杂问题，它提供了一种从不同粒度层次对问题进行抽象和分析处理的方案. 通过使用不同信息粒度之间的关系，可忽略不必要的细节，从而获得具有鲁棒性的解决方案. Qian 等给出了多粒度粗糙集概念，建立了悲观多粒度粗糙集及乐观多粒度粗糙集两种模型[115].

定义 2.4[66，115]　已知决策信息系统 $S=(U,A=C\cup D,V,f)$，$S=\bigcup_{i=1}^{m}S_i$，$a_1,a_2,\cdots,a_m\in A$，$\forall X\subseteq U$，X 在乐观多粒度粗糙集模型下的下近似、上近似集分别定义为：

$$\sum_{i=1}^{m}\underline{a_i^o}(X)=\{x\in U:[x]_{a_1}\subseteq X\vee[x]_{a_2}\subseteq X\vee\cdots\vee[x]_{a_m}\subseteq X\}；$$

$$\sum_{i=1}^{m}\overline{R}_i^o(X)=\sim\left(\sum_{i=1}^{m}\underline{R_i^o}(\sim X)\right)，\text{其中}\sim X\text{是}X\text{的补集}.$$

定义 2.5[66，115]　$S=(U,A=C\cup D,V,f)$ 是决策信息系统，$S=\bigcup_{i=1}^{m}S_i$，$S_i=(U_i,A=C\cup D,V,f)$，X 关于等价关系 R_i 在悲观多粒度粗糙集模型下的下近似、上近似集分别定义为：

$$\sum_{i=1}^{m}\underline{a_i^p}(X)=\{x\in U:[x]_{a_1}\subseteq X\wedge[x]_{a_2}\subseteq X\wedge\cdots\wedge[x]_{a_m}\subseteq X\}；$$

$$\sum_{i=1}^{m}\overline{R_i^p}(X)=\sim\left(\sum_{i=1}^{m}\underline{R_i^p}(\sim X)\right)$$，其中 $\sim X$ 是 X 的补集.

2.3 粒度度量

2.3.1 经典粗糙集模型中知识粒度的表示形式

在粗糙集中，等价类是决策信息系统的基本粒，粒度如果分得越粗，近似就越概略，否则近似就越精确. 梁吉业等给出了知识粒度的基本概念和性质[6].

定义 2.6[6] 已知决策信息系统 $S=(U,A=C\cup D,V,f)$，U 为论域，假设论域 U 上的一个等价关系簇为 π，且 $\pi=\{X_1,X_2,\cdots,X_m\}$，则 π 的知识粒度 $GP_U(\pi)$ 定义为

$$GP_U(\pi)=\sum_{i=1}^{m}\frac{|X_i|^2}{|U|^2}. \tag{2-7}$$

当 $\pi=\{\{x\}\mid x\in U\}$ 时，π 的知识粒度达到最小值 $\frac{1}{|U|}$；$\pi=\{U\}$ 时，π 的知识粒度达到最大值 1.

定义 2.7[6] 已知决策信息系统 $S=(U,A=C\cup D,V,f)$，U 为论域，假设论域 U 上的两个等价关系簇分别为 P,Q，则等价关系簇 Q 关于等价关系簇 P 的相对知识粒度定义为：

$$GP_U(Q\mid P)=GP_U(P)-GP_U(P\cup Q). \tag{2-8}$$

例 2.2（续例 2.1） 已知决策信息系统 S 如表 2-1 所示，如果决策信息系统条件属性集 C 的等价关系簇、条件属性集 C 和决策属性集 D 的等价关系簇分别表示为：

$$U/C=\{\{1\},\{2,4\},\{3,5\},\{6,7\},\{8,9\}\};$$

$$U/C \cup D = \{\{1\},\{2,4\},\{3,5\},\{6,7\},\{8\},\{9\}\},$$

则

$$GP_U(Q|P) = GP_U(P) - GP_U(P \cup Q) = \frac{17}{81} - \frac{15}{81} = \frac{2}{81}.$$

在论域 U 上，$GP_U(Q|P)$ 表示等价关系簇 Q 相对于等价关系簇 P 的分类能力，即 $GP_U(Q|P)$ 越大，表明等价关系簇 Q 相对于等价关系簇 P 对论域 U 中对象的分类能力就越强；反之，分类能力就越弱.

定义 2.8[148]（属性重要度 1） 已知决策信息系统 $S=(U, A=C\cup D, V, f)$，$\forall a \in C$，属性 a 关于条件属性集 C 相对于决策属性集 D 的重要度定义为：

$$Sig_U^{inter}(a, C, D) = GP_U(D|C-\{a\}) - GP_U(D|C). \qquad (2\text{-}9)$$

定义 2.9[148]（属性重要度 2） 已知决策信息系统 $S=(U, A=C\cup D, V, f)$，$B \subseteq C$，$\forall a \in (C-B)$，属性 a 关于条件属性集 B 相对于决策属性集 D 的重要度定义为：

$$Sig_U^{outer}(a, B, D) = GP_U(D|B) - GP_U(D|B\cup\{a\}). \qquad (2\text{-}10)$$

性质 2.1[148] $S=(U, A=C\cup D, V, f)$ 是决策信息系统，如果 $Sig_U^{inter}(a, C, D)>0$，则属性 a 是决策信息系统条件属性集 C 相对于决策属性集 D 的必要属性.

定义 2.10[148] 已知决策信息系统 $S=(U, A=C\cup D, V, f)$，则 S 的核定义为：

$$Core_C(D) = \{a \in C \mid Sig_U^{inter}(a, B, D) > 0\}. \qquad (2\text{-}11)$$

2.3.2　知识粒度的矩阵表示形式

矩阵是一种非常有效的数学工具，具有操作简单和直观体现构造化方法的优势，它已经被广泛运用于工程应用和数值分析研究等领域.

定义 2.11[150] $\boldsymbol{A}=(a_{ij})_{n\times n}$，$\boldsymbol{B}=(b_{ij})_{n\times n}$ 是两个矩阵，则 $\boldsymbol{A}+\boldsymbol{B}=\boldsymbol{C}$ 的元素 $c_{ij}(1\leqslant i,j\leqslant n)$ 定义为：

$$c_{ij} = a_{ij} + b_{ij} . \tag{2-12}$$

定义 2.12[150] $\boldsymbol{A} = \begin{bmatrix} a_{11} & a_{12} & \cdots & a_{1n} \\ a_{21} & a_{22} & \cdots & a_{2n} \\ \vdots & \vdots & & \vdots \\ a_{n1} & a_{n2} & \cdots & a_{nn} \end{bmatrix}$是一个矩阵，则矩阵$\boldsymbol{A}$的转置$\boldsymbol{A}^{\mathrm{T}}$定义为：

$$\boldsymbol{A}^{\mathrm{T}} = \begin{bmatrix} a_{11} & a_{21} & \cdots & a_{n1} \\ a_{12} & a_{22} & \cdots & a_{n2} \\ \vdots & \vdots & & \vdots \\ a_{1n} & a_{2n} & \cdots & a_{nn} \end{bmatrix} . \tag{2-13}$$

定义 2.13[150] $\boldsymbol{A} = (a_{ij})_{m\times n}$，$\boldsymbol{B} = (b_{ij})_{n\times p}$是两个矩阵，则$\boldsymbol{A}\times\boldsymbol{B} = \boldsymbol{C} = (c_{ij})_{m\times p}$定义为：

$$(c_{ij})_{m\times p} = (a_{ij})_{m\times n} \times (b_{ij})_{n\times p} = \begin{bmatrix} \sum_{i=1}^{n} a_{1i}b_{i1} & \cdots & \sum_{i=1}^{n} a_{1i}b_{ip} \\ \vdots & \ddots & \vdots \\ \sum_{i=1}^{n} a_{mi}b_{i1} & \cdots & \sum_{i=1}^{n} a_{mi}b_{ip} \end{bmatrix} . \tag{2-14}$$

定义 2.14[132] $S = (U, A = C \cup D, V, f)$ 是一个决策信息系统，$U = \{u_1, u_2, \cdots, u_n\}$，$U/C = \{X_1, X_2, \cdots, X_m\}$，$R_C$是对象集$U$的等价关系，则等价关系矩阵$\boldsymbol{M}_U^{R_C} = (m_{ij})_{n\times n}$的元素定义为：

$$m_{ij} = \begin{cases} 1, (u_i, u_j) \in R_C, \\ 0, (u_i, u_j) \notin R_C, \end{cases} \quad 1 \leqslant i, j \leqslant n . \tag{2-15}$$

定义 2.15[132] 已知决策信息系统 $S = (U, A = C \cup D, V, f)$，$\boldsymbol{M}_U^{R_C} = (m_{ij})_{n\times n}$是等价关系矩阵，条件属性$C$基于矩阵方法的知识粒度定义如下：

$$GP_U(C) = \frac{Sum(\boldsymbol{M}_U^{R_C})}{|U|^2} = \overline{\boldsymbol{M}_U^{R_C}} . \tag{2-16}$$

其中，矩阵所有元素的和用 $Sum(\boldsymbol{M}_U^{R_C})$ 表示，矩阵所有元素的平均值用 $\overline{\boldsymbol{M}_U^{R_C}}$ 表示.

例 2.3（续例 2.1）　根据定义 2.15 计算 $GP_U(C)$：

$$GP_U(C)=\overline{\boldsymbol{M}_U^{R_C}}=\frac{1}{81}\times Sum\left(\begin{bmatrix}1&0&0&0&0&0&0&0&0\\0&1&0&1&0&0&0&0&0\\0&0&1&0&1&0&0&0&0\\0&1&0&1&0&0&0&0&0\\0&0&1&0&1&0&0&0&0\\0&0&0&0&0&1&1&0&0\\0&0&0&0&0&1&1&0&0\\0&0&0&0&0&0&0&1&1\\0&0&0&0&0&0&0&1&1\end{bmatrix}\right)=\frac{17}{81}.$$

定义 2.16[132]　已知决策信息系统 $S=(U,A=C\cup D,V,f)$，$\boldsymbol{M}_U^{R_C}$ 和 $\boldsymbol{M}_U^{R_{C\cup D}}$ 是等价关系矩阵，决策属性 D 关于条件属性 C 基于矩阵方法的相对知识粒度定义如下：

$$GP_U(D\mid C)=\overline{\boldsymbol{M}_U^{R_C}}-\overline{\boldsymbol{M}_U^{R_{C\cup D}}}.\tag{2-17}$$

例 2.4（续例 2.1）　根据定义 2.16 计算 $GP_U(D\mid C)$：

$$\begin{aligned}&GP_U(D\mid C)\\&=\frac{1}{81}\times Sum\left(\begin{bmatrix}1&0&0&0&0&0&0&0&0\\0&1&0&1&0&0&0&0&0\\0&0&1&0&1&0&0&0&0\\0&1&0&1&0&0&0&0&0\\0&0&1&0&1&0&0&0&0\\0&0&0&0&0&1&1&0&0\\0&0&0&0&0&1&1&0&0\\0&0&0&0&0&0&0&1&1\\0&0&0&0&0&0&0&1&1\end{bmatrix}-\begin{bmatrix}1&0&0&0&0&0&0&0&0\\0&1&0&1&0&0&0&0&0\\0&0&1&0&1&0&0&0&0\\0&1&0&1&0&0&0&0&0\\0&0&1&0&1&0&0&0&0\\0&0&0&0&0&1&1&0&0\\0&0&0&0&0&1&1&0&0\\0&0&0&0&0&0&0&1&0\\0&0&0&0&0&0&0&0&1\end{bmatrix}\right)\\&=\frac{2}{81}.\end{aligned}$$

定义 2.17[133]（基于矩阵方法的属性重要度 1） $S=(U,A=C\cup D,V,f)$ 是一个决策信息系统，$\boldsymbol{M}_U^{R_C}$，$\boldsymbol{M}_U^{R_{C-\{a\}}}$，$\boldsymbol{M}_U^{R_{C\cup D}}$ 和 $\boldsymbol{M}_U^{R_{C-\{a\}\cup D}}$ 分别为等价关系矩阵. $\forall a\in C$,属性 a 关于条件属性集 C 相对于决策属性集 D 的重要度定义为：

$$Sig_U^{inter}(a,C,D)=\overline{\boldsymbol{M}_U^{R_{C-\{a\}}}}-\overline{\boldsymbol{M}_U^{R_{C-\{a\}\cup D}}}-\overline{\boldsymbol{M}_U^{R_C}}+\overline{\boldsymbol{M}_U^{R_{C\cup D}}}. \tag{2-18}$$

定义 2.18[133]（基于矩阵方法的属性重要度 2） $S=(U,A=C\cup D,V,f)$ 是一个决策信息系统，$B\subseteq C$，$\boldsymbol{M}_U^{R_B}$，$\boldsymbol{M}_U^{R_{B\cup D}}$，$\boldsymbol{M}_U^{R_{B\cup\{a\}}}$ 和 $\boldsymbol{M}_U^{R_{B\cup\{a\}\cup D}}$ 分别为等价关系矩阵. $\forall a\in(C-B)$，则属性 a 关于 B 相对于 D 的重要性定义为：

$$Sig_U^{outer}(a,B,D)=\overline{\boldsymbol{M}_U^{R_B}}-\overline{\boldsymbol{M}_U^{R_{B\cup D}}}-\overline{\boldsymbol{M}_U^{R_{B\cup\{a\}}}}+\overline{\boldsymbol{M}_U^{R_{B\cup\{a\}\cup D}}}. \tag{2-19}$$

2.4 经典粗糙集模型下基于知识粒度的属性约简定义和算法

粗糙集理论应用研究的主要问题之一是属性约简，它在数据预处理中的作用就是删除数据中的冗余属性、降低数据的维度，通过对数据集进行属性及属性值约简，生成数据集的关联规则，为决策提供服务.

2.4.1 基于知识粒度的属性约简定义

定义 2.19[148] 已知决策信息系统 $S=(U,A=C\cup D,V,f)$，$B\subseteq C$，如果 B 为 S 的最小属性约简，那么 B 必须满足下面两个条件：

（1）$GP_U(D|B)=GP_U(D|C)$；

（2）$\forall a\in B$，使得 $GP_U(D|B-\{a\})\neq GP_U(D|B)$.

第一个条件保证了所获得的约简与所有属性集具有相同的分辨能力，第二个条件保证了所得到的约简没有冗余的属性.

定义 2.20[6] $S=(U,A=C\cup D,V,f)$ 是决策信息系统，$\forall X\subseteq U$，X 关

于等价关系 R 的近似分类精度定义为：

$$AP_R(X)=\frac{\left|\underline{R}(X)\right|}{\left|\overline{R}(X)\right|}. \tag{2-20}$$

定义 2.21[6] $S=(U,A=C\cup D,V,f)$ 是决策信息系统，$\forall X\subseteq U$，X 关于等价关系 R 的近似分类质量定义为：

$$AP_R(X)=\frac{\left|\underline{R}(X)\right|}{|U|}. \tag{2-21}$$

2.4.2 基于知识粒度的属性约简算法

在经典粗糙集模型中，基于知识粒度的非动态属性约简算法的具体步骤如算法 2.1 所述[87]：

Algorithm 2.1: A Classic heuristic Attribute Reduction algorithm based on knowledge granularity for a decision table (CAR)

Input: A decision table $S=(U,C\cup D,V,f)$.
Output: A new reduction RED_U.
1 **begin**
2 $RED_U\leftarrow\varnothing$;
3 **for** $1\le j\le|C|$ **do**
4 **Calculate** $Sig_U^{inner}(a_j,C,D)$;
5 **if** $Sig_U^{inner}(a_j,C,D)>0$ **then**
6 $RED_U\leftarrow(RED_U\cup\{a_j\})$;
7 **end**
8 **end**
9 **Let** $B\leftarrow RED_U$;
10 **while** $GP_U(D|B)\neq GP_U(D|C)$ **do**
11 **for** *each* $a_i\in(C-B)$ **do**
12 **Calculate** $Sig_U^{outer}(a_i,B,D)$;
13 $a_0=max\left\{Sig_U^{outer}(a_i,B,D),\ a_i\in(C-B)\ \right\}$;
14 $B\leftarrow(B\cup\{a_0\})$;
15 **end**
16 **end**
17 **for** *each* $a_i\in B$ **do**
18 **if** $GP_U(D|(B-\{a_i\}))=GP_U(D|C)$ **then**
19 $B\leftarrow(B-\{a_i\})$;
20 **end**
21 **end**
22 $RED_U\leftarrow B$;
23 **return** *reduction* RED_U.
24 **end**

2.5 经典粗糙集模型下基于正域的属性约简定义和算法

2.5.1 基于正域的属性约简定义

定义 2.22 信息系统 $S=(U,A=C\cup D,V,f)$，U 为论域，$C,D\subseteq A$ 为条件属性集和决策属性集，决策属性集 D 关于条件属性集 C 的依赖度定义为：

$$\gamma_C(D)=\frac{|POS_C(D)|}{|U|}.$$

定义 2.23 已知决策信息系统 $S=(U,A=C\cup D,V,f)$，$B\subseteq C$，如果 B 为 S 的最小属性约简，那么 B 必须满足下面两个条件：

（1）$POS_C(D)=POS_B(D)$；

（2）$\forall a\in B$，使得 $POS_{B-\{a\}}(D)\neq POS_B(D)$.

2.5.2 基于正域的属性约简算法

基于正域的非动态属性约简算法描述如算法 2.2[166]所示：

算法 2.2 基于正域的非动态属性约简算法：

输入： 决策信息系统 $S=(U,A=C\cup D,V,f)$，U 为论域，C 为条件属性集，D 为决策属性集. 条件属性 C 的等价类 $U/C=\{C_1,C_2,\cdots,C_m\}$，子集 C_i 关于 D 的依赖度为 $k=\gamma_{C_i}(D)=\frac{|POS_{C_i}(D)|}{|U|}$，其中 $POS_{C_i}(D)$ 是 D 关于 C_i 的正域.

输出： 最小属性约简为 RED.

Setp1 计算 D 关于 C 的正域 $POS_C(D)$；

Step2 以属性依赖度对条件属性 C 中的属性排序，假设顺序为：$\gamma_{C_1}(D)>\gamma_{C_2}(D)>\cdots>\gamma_{C_m}(D)$；

Setp3　$RED = C_1$；

Setp4　for $i = 1: m$

4.1　计算更新后的等价关系矩阵 $M_{RED}^{T_{RED \cup \{c_i\}}}$.

4.2　计算更新后的对角矩阵：

$$\Lambda_{n \times n}^{RED \cup \{c_i\}} = \mathrm{diag}(\lambda_1^+, \lambda_2^+, \cdots, \lambda_n^+) \left(\lambda_i^+ = \sum_{j=1}^{n} m_{ij} \right).$$

4.3　计算更新后 D 关于 $RED \cup \{c_i\}$ 的正域 $POS_{RED \cup \{c_i\}}(D)$；

if $POS_C(D) = POS_{RED \cup \{c_i\}}(D)$

Then

$RED = RED \cup \{c_i\}$

End

For ($a' \in RED$)

if ($POS_{RED-\{a'\}}(D) = POS_{RED}(D)$) then

$RED = RED - \{a'\}$

End if

End

Setp5　输出最小属性约简 RED.

2.6　小　结

本章简单介绍了与本研究相关的一些基本概念和理论，给出了 Pawlak 经典粗糙集模型和多粒度粗糙集模型的相关理论和概念，阐述了矩阵的一些基本理论和相关的操作运算，介绍了知识粒度的度量概念和基于知识粒度的属性约简算法的具体步骤，为后续的讨论奠定了基础.

第3章　对象变化时动态属性约简算法研究

在现实生活中，许多决策信息系统都会随着时间的变化而发生变化，主要包括对象集、属性集和属性值等三个方面的变化．另外，随着计算机网络、通信及计算机存储等技术的迅猛发展，决策信息系统随着时间变化而引起的对象增加或删除是决策信息系统动态变化的一种常见情况，决策信息系统对象变化情况下属性约简的研究成为信息科学领域研究中一个普遍关注的热点．当对象发生变化时，由于决策信息系统的知识粒度发生了变化，从而导致决策信息系统的属性约简也可能发生变化．本章主要介绍经典粗糙集模型中多个对象同时增加或删除情况下基于矩阵、非矩阵方法的知识粒度动态增量更新规律，设计了对象发生变化情况下基于矩阵、非矩阵的动态属性约简算法．

3.1　对象增加时基于知识粒度的动态属性约简算法

3.1.1　对象增加时基于知识粒度和矩阵方法的动态属性约简原理与算法

本节介绍决策信息系统增加对象后基于矩阵方法的动态属性约简更新机制和算法[158]．

3.1.1.1　对象增加时基于知识粒度和矩阵方法的动态属性约简原理

定义 3.1　已知决策信息系统 $S=(U,A=C\cup D,V,f)$，$U=\{u_1,u_2,\cdots,u_n\}$．假设 U_X 是增量对象集，$U_X=\{u_{n+1},u_{n+2},\cdots,u_{n+t}\}$，$R_C^{U\cup U_X}$ 是对象集 $U\cup U_X$ 的等价关系．增加对象后等价关系矩阵 $\boldsymbol{Q}_{(U\cup U_X)}^{R_C^{U\cup U_X}}=(q_{ij})_{t\times n}$ 的元素定义为：

$$q_{ij}=\begin{cases}1,(u_{(n+i)},u_j)\in R_C^{U\cup U_X},\\0,(u_{(n+i)},u_j)\notin R_C^{U\cup U_X},\end{cases}\quad 1\leqslant i\leqslant t,1\leqslant j\leqslant n. \tag{3-1}$$

定义 3.2　已知决策信息系统 $S=(U,A=C\cup D,V,f)$，$U=\{u_1,u_2,\cdots,u_n\}$. 假设 U_X 是增量对象集，$U_X=\{u_{n+1},u_{n+2},\cdots,u_{n+t}\}$，$R_C^{U_X}$ 是对象集 U_X 的等价关系. 增加对象后等价关系矩阵 $\boldsymbol{Z}_{U_X}^{R_C^{U_X}}=(z_{ij})_{t\times t}$ 的元素定义为：

$$z_{ij}=\begin{cases}1,(u_{(n+i)},u_{(n+j)})\in R_C^{U_X},\\0,(u_{(n+i)},u_{(n+j)})\notin R_C^{U_X},\end{cases}\quad 1\leqslant i,j\leqslant t. \tag{3-2}$$

定理 3.1　已知决策信息系统 $S=(U,A=C\cup D,V,f)$，$(\boldsymbol{M}_U^{R_C^U})_{n\times n}$ 是决策信息系统 S 的等价关系矩阵. 假设 U_X 是增量对象集，$U_X=\{u_{n+1},u_{n+2},\cdots,u_{n+t}\}$，$(\boldsymbol{Q}_{(U\cup U_X)}^{R_C^{U\cup U_X}})_{t\times n}$ 和 $(\boldsymbol{Z}_{U_X}^{R_C^{U_X}})_{t\times t}$ 为对应的关系矩阵，增加对象后等价关系矩阵 $(\boldsymbol{Q}_{(U\cup U_X)}^{R_C^{U\cup U_X}})_{(n+t)\times(n+t)}$ 为：

$$(\boldsymbol{Q}_{(U\cup U_X)}^{R_C^{U\cup U_X}})_{(n+t)\times(n+t)}=\begin{bmatrix}(\boldsymbol{M}_U^{R_C^U})_{n\times n} & (\boldsymbol{Q}_{(U\cup U_X)}^{R_C^{U\cup U_X}})_{t\times n}^{\mathrm{T}}\\(\boldsymbol{Q}_{(U\cup U_X)}^{R_C^{U\cup U_X}})_{t\times n} & (\boldsymbol{Z}_{U_X}^{R_C^{U_X}})_{t\times t}\end{bmatrix}. \tag{3-3}$$

定理 3.2　已知决策信息系统 $S=(U,A=C\cup D,V,f)$，$(\boldsymbol{M}_U^{R_D^U})_{n\times n}$ 是决策信息系统 S 的等价关系矩阵. 假设 U_X 是增量对象集，$U_X=\{u_{n+1},u_{n+2},\cdots,u_{n+t}\}$，$(\boldsymbol{Q}_{(U\cup U_X)}^{R_D^{U\cup U_X}})_{t\times n}$ 和 $(\boldsymbol{Z}_{U_X}^{R_D^{U_X}})_{t\times t}$ 为对应的关系矩阵，增加对象后等价关系矩阵 $(\boldsymbol{U}_{(U\cup U_X)}^{R_D^{U\cup U_X}})_{(n+t)\times(n+t)}$ 为：

$$(\boldsymbol{U}_{(U\cup U_X)}^{R_D^{U\cup U_X}})_{(n+t)\times(n+t)}=\begin{bmatrix}(\boldsymbol{M}_U^{R_D^U})_{n\times n} & (\boldsymbol{Q}_{(U\cup U_X)}^{R_C^{U\cup U_X}})_{t\times n}^{\mathrm{T}}\\(\boldsymbol{Q}_{(U\cup U_X)}^{R_D^{U\cup U_X}})_{t\times n} & (\boldsymbol{Z}_{U_X}^{R_D^{U_X}})_{t\times t}\end{bmatrix}. \tag{3-4}$$

例 3.1（续例 2.1）　假设 $U_X=\{10,11,12\}$ 是增加的对象集，见表 3-1.

表 3-1　一个增加对象集

U_X	a	b	c	e	f	d
10	0	1	1	1	0	1
11	0	1	1	1	0	1
12	1	0	0	1	0	1

根据表 2-1、定义 3.1 和 3.2 可得：

$$(\boldsymbol{Q}_{(U\cup U_X)}^{R_U^{U\cup U_X}})_{3\times 9}=\begin{bmatrix}1&0&0&0&0&0&0&0&0\\1&0&0&0&0&0&0&0&0\\0&0&0&0&0&0&0&1&1\end{bmatrix},\quad (\boldsymbol{Z}_{U_X}^{R_C^{U_X}})_{3\times 3}=\begin{bmatrix}1&1&0\\1&1&0\\0&0&1\end{bmatrix}.$$

根据定义 2.14 以及定理 3.1 可得：

$$((\boldsymbol{Q}_{(U\cup U_X)}^{R_C^{U\cup U_X}})_{3\times 9})^{\mathrm{T}}=\begin{bmatrix}1&1&0\\0&0&0\\0&0&0\\0&0&0\\0&0&0\\0&0&0\\0&0&0\\0&0&1\\0&0&1\end{bmatrix},$$

$$(\boldsymbol{M}_{(U\cup U_X)}^{R_C^{U\cup U_X}})_{12\times 12}=\begin{bmatrix}1&0&0&0&0&0&0&0&0&1&1&0\\0&1&0&1&0&0&0&0&0&0&0&0\\0&0&1&0&1&0&0&0&0&0&0&0\\0&1&0&1&0&0&0&0&0&0&0&0\\0&0&1&0&1&0&0&0&0&0&0&0\\0&0&0&0&0&1&1&0&0&0&0&0\\0&0&0&0&0&1&1&0&0&0&0&0\\0&0&0&0&0&0&0&1&1&0&0&1\\0&0&0&0&0&0&0&1&1&0&0&1\\1&0&0&0&0&0&0&0&0&1&1&0\\1&0&0&0&0&0&0&0&0&1&1&0\\0&0&0&0&0&0&0&1&1&0&0&1\end{bmatrix}.$$

定理 3.3 已知决策信息系统 $S=(U,A=C\cup D,V,f)$，$B\subseteq C$，$B\neq\varnothing$，$a_i\in(C-B)$，$C=\{a_1,a_2,\cdots,a_n\}$，$\boldsymbol{M}_U^{R_B}=(b_{ij})_{n\times n}$ 和 $\boldsymbol{M}_U^{R_{\{a_i\}}}=(a_{ij})_{n\times n}$ 是决策信息系统的等价关系矩阵. 假设属性 a_i 被增加到属性集 B，属性添加到决策信息系统后的等价关系矩阵为 $\boldsymbol{M}_U^{R_{B\cup\{a_i\}}}=(m_{ij})_{n\times n}$，等价关系矩阵元素定义为：

$$m_{ij}=\begin{cases}a_{ij},b_{ij}\geqslant a_{ij},\\ b_{ij},b_{ij}<a_{ij},\end{cases}\quad 1\leqslant i,j\leqslant n.\tag{3-5}$$

定理 3.4 已知决策信息系统 $S=(U,A=C\cup D,V,f)$，$U=\{u_1,u_2,\cdots,u_m\}$，$\boldsymbol{M}_U^{R_C^U}$ 和 $\boldsymbol{M}_U^{R_{C\cup D}^U}$ 是决策信息系统 S 的等价关系矩阵. 假设 U_X 是增量对象集，$U_X=\{u_{n+1},u_{n+2},\cdots,u_{n+t}\}$. $(\boldsymbol{Q}_{(U\cup U_X)}^{R_C^{U\cup U_X}})_{t\times n}$，$(\boldsymbol{Q}_{(U\cup U_X)}^{R_D^{U\cup U_X}})_{t\times n}$，$(\boldsymbol{Q}_{(U\cup U_X)}^{R_{C\cup D}^{U\cup U_X}})_{t\times n}$，$(\boldsymbol{Z}_{U_X}^{R_C^{U_X}})_{t\times t}$，$(\boldsymbol{Z}_{U_X}^{R_D^{U_X}})_{t\times t}$ 和 $(\boldsymbol{Z}_{U_X}^{R_{C\cup D}^{U_X}})_{t\times t}$ 为对应的等价关系矩阵，决策信息系统增加对象后决策属性 D 关于条件属性 C 的相对知识粒度为：

$$GP_{(U\cup U_X)}(D|C)=\frac{1}{|U\cup U_X|^2}\Big(|U|^2GP_U(D|C)+|U_X|^2GP_{U_X}(D|C)+\\ 2Sum(\boldsymbol{Q}_{U\cup U_X}^{R_C^{U\cup U_X}})-2Sum(\boldsymbol{Q}_{U\cup U_X}^{R_{C\cup D}^{U\cup U_X}})\Big),\tag{3-6}$$

其中，$GP_U(D|C)=\overline{\boldsymbol{M}_U^{R_C^U}}-\overline{\boldsymbol{M}_U^{R_{C\cup D}^U}}$，$GP_{U_X}(D|C)=\overline{\boldsymbol{M}_{U_X}^{R_C^{U_X}}}-\overline{\boldsymbol{M}_{U_X}^{R_{C\cup D}^{U_X}}}$.

证明 由定义 2.16 可得：

$$\begin{aligned}&GP_{(U\cup U_X)}(D|C)\\&=\overline{\boldsymbol{M}_{(U\cup U_X)}^{R_C^{U\cup U_X}}}-\overline{\boldsymbol{M}_{(U\cup U_X)}^{R_{C\cup D}^{U\cup U_X}}}\\&=\frac{1}{|U\cup U_X|^2}\Big(Sum(\boldsymbol{M}_{(U\cup U_X)}^{R_C^{U\cup U_X}})-Sum(\boldsymbol{M}_{(U\cup U_X)}^{R_{C\cup D}^{U\cup U_X}})\Big)\\&=\frac{1}{|U\cup U_X|^2}\Big(|U|^2(\overline{\boldsymbol{M}_U^{R_C^U}}-\overline{\boldsymbol{M}_U^{R_{C\cup D}^U}})+|U_X|^2(\overline{\boldsymbol{M}_{U_X}^{R_C^{U_X}}}-\overline{\boldsymbol{M}_{U_X}^{R_{C\cup D}^{U_X}}})+2Sum(\boldsymbol{Q}_{U\cup U_X}^{R_C^{U\cup U_X}})-2Sum(\boldsymbol{Q}_{U\cup U_X}^{R_{C\cup D}^{U\cup U_X}})\Big)\\&=\frac{1}{|U\cup U_X|^2}\Big(|U|^2GP_U(D|C)+|U_X|^2GP_{U_X}(D|C)+2Sum(\boldsymbol{Q}_{U\cup U_X}^{R_C^{U\cup U_X}})-2Sum(\boldsymbol{Q}_{U\cup U_X}^{R_{C\cup D}^{U\cup U_X}})\Big).\end{aligned}$$

定理 3.4 得证.

定理 3.5 已知决策信息系统 $S=(U,A=C\cup D,V,f)$，$\boldsymbol{U}_U^{R_C^U}$，$\boldsymbol{U}_U^{R_{C-\{a\}}^U}$，$\boldsymbol{U}_U^{R_{C\cup D}^U}$ 和 $\boldsymbol{U}_U^{R_{(C-\{a\})\cup D}^U}$ 是等价关系矩阵. 假设 U_X 是增量对象集，$(\boldsymbol{Q}_{(U\cup U_X)}^{R_C^{U\cup U_X}})_{t\times n}$，$(\boldsymbol{Q}_{(U\cup U_X)}^{R_{C-\{a\}}^{U\cup U_X}})_{t\times n}$，$(\boldsymbol{Z}_{U_X}^{R_C^{U_X}})_{t\times t}$ 和 $(\boldsymbol{Z}_{U_X}^{R_{C\cup D}^{U_X}})_{t\times t}$ 为对应的等价关系矩阵. 决策信息系统增加对象后，$\forall a\in C$，属性 a 关于条件属性 C 相对于决策属性 D 的重要性为：

$$Sig_{(U\cup U_X)}^{inter}(a,C,D)=\frac{1}{\left|U\cup U_X\right|^2}\Big(\left|U\right|^2 Sig_U^{inter}(a,C,D)+\left|U_X\right|^2 Sig_{U_X}^{inter}(a,C,D)+$$
$$2Sum(\boldsymbol{Q}_{U\cup U_X}^{R_{(C-\{a\})}^{U\cup U_X}})-2Sum(\boldsymbol{Q}_{U\cup U_X}^{R_{(C-\{a\})\cup D}^{U\cup U_X}})-2Sum(\boldsymbol{Q}_{U\cup U_X}^{R_C^{U\cup U_X}})+2Sum(\boldsymbol{Q}_{U\cup U_X}^{R_{C\cup D}^{U\cup U_X}})\Big),\tag{3-7}$$

其中，$Sig_U^{inter}(a,C,D)=\overline{\boldsymbol{M}_U^{R_{C-\{a\}}^U}}-\overline{\boldsymbol{M}_U^{R_{(C-\{a\})\cup D}^U}}-\overline{\boldsymbol{M}_U^{R_C^U}}+\overline{\boldsymbol{M}_U^{R_{C\cup D}^U}}$，

$$Sig_{U_X}^{inter}(a,C,D)=\overline{\boldsymbol{M}_{U_X}^{R_{C-\{a\}}^{U_X}}}-\overline{\boldsymbol{M}_{U_X}^{R_{(C-\{a\})\cup D}^{U_X}}}-\overline{\boldsymbol{M}_{U_X}^{R_C^{U_X}}}+\overline{\boldsymbol{M}_{U_X}^{R_{C\cup D}^{U_X}}}.$$

定理 3.6 已知决策信息系统 $S=(U,A=C\cup D,V,f)$，令 $B\subseteq C$，$\boldsymbol{M}_U^{R_B^U}$，$\boldsymbol{M}_U^{R_{B\cup D}^U}$，$\boldsymbol{M}_U^{R_{(B\cup\{a\})}^U}$ 和 $\boldsymbol{M}_U^{R_{(B\cup\{a\}\cup D)}^U}$ 是等价关系矩阵. 假设 $U_X=\{u_{n+1},u_{n+2},\cdots,u_{n+t}\}$ 是增量对象集，$(\boldsymbol{Q}_{(U\cup U_X)}^{R_B^{U\cup U_X}})_{t\times n}$，$(\boldsymbol{Q}_{(U\cup U_X)}^{R_{B\cup D}^{U\cup U_X}})_{t\times n}$，$(\boldsymbol{Z}_{U_X}^{R_B^{U_X}})_{t\times t}$ 和 $(\boldsymbol{Z}_{U_X}^{R_{B\cup D}^{U_X}})_{t\times t}$ 为对应的等价关系矩阵. 决策信息系统增加对象后，$\forall a\in(C-B)$，属性 a 关于属性集 B 相对于决策属性集 D 的重要度为：

$$Sig_{(U\cup U_X)}^{outer}(a,B,D)=\frac{1}{\left|U\cup U_X\right|^2}\Big(\left|U\right|^2 Sig_U^{outer}(a,B,D)+\left|U_X\right|^2 Sig_{U_X}^{outer}(a,B,D)+$$
$$2Sum(\boldsymbol{Q}_{U\cup U_X}^{R_B^{U\cup U_X}})-2Sum(\boldsymbol{Q}_{U\cup U_X}^{R_{B\cup D}^{U\cup U_X}})-2Sum(\boldsymbol{Q}_{U\cup U_X}^{R_{(B\cup\{a\})}^{U\cup U_X}})+2Sum(\boldsymbol{Q}_{U\cup U_X}^{R_{(B\cup\{a\}\cup D)}^{U\cup U_X}})\Big),\tag{3-8}$$

其中，$Sig_U^{outer}(a,B,D)=\overline{\boldsymbol{M}_U^{R_B^U}}-\overline{\boldsymbol{M}_U^{R_{B\cup D}^U}}-\overline{\boldsymbol{M}_U^{R_{B\cup\{a\}}^U}}+\overline{\boldsymbol{M}_U^{R_{B\cup\{a\}\cup D}^U}}$，

$$Sig_{U_X}^{outer}(a,B,D)=\overline{\boldsymbol{M}_{U_X}^{R_B^{U_X}}}-\overline{\boldsymbol{M}_{U_X}^{R_{B\cup D}^{U_X}}}-\overline{\boldsymbol{M}_{U_X}^{R_{B\cup\{a\}}^{U_X}}}+\overline{\boldsymbol{M}_{U_X}^{R_{B\cup\{a\}\cup D}^{U_X}}}.$$

3.1.1.2 对象增加时基于知识粒度和矩阵方法的动态属性约简算法

当决策信息系统中对象增加时，根据 3.1.1.1 基于矩阵方法的计算知识粒度的增量更新原理，设计了对象增加情况下基于知识粒度和矩阵方法的动态属性约简算法，具体步骤如算法 3.1 所述，基于知识粒度和矩阵方法的动态属性约简算法的框架图如图 3-1 所示.

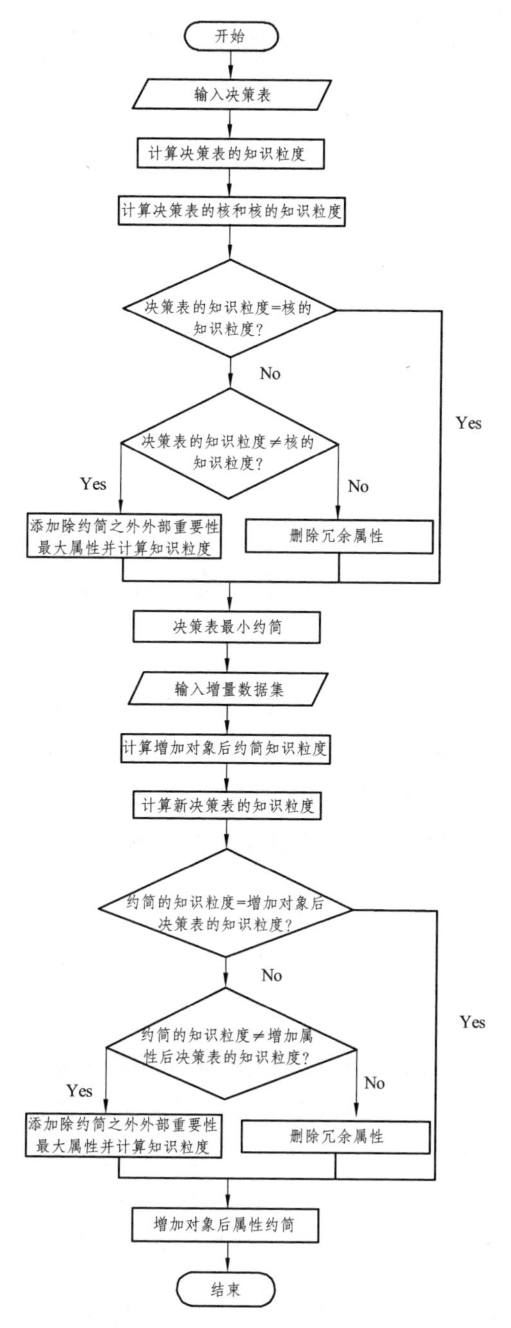

图3-1 增加对象时动态属性约简算法的框架图

Algorithm 3.1: A matrix-based incremental algorithm for reduction computation (MIARC)

Input: A decision table $S=(U, C\cup D, V, f)$, the reduction RED_U, the incremental object set U_X.
Output: A new reduction $RED_{(U\cup U_X)}$.

1 **begin**
2 $B\leftarrow RED_U$, **Compute** $(Q^{R_C}_{U\cup U_X})_{t\times n}$, $(Q^{R_{C\cup D}}_{U\cup U_X})_{t\times n}$, $(Z^{R_C}_{U_X})_{t\times t}$, $(Z^{R_{C\cup D}}_{U_X})_{t\times t}$, $(Q^{R_B}_{U\cup U_X})_{t\times n}$, $(Q^{R_{B\cup D}}_{U\cup U_X})_{t\times n}$, $(Z^{R_B}_{U_X})_{t\times t}$, $(Z^{R_{B\cup D}}_{U_X})_{t\times t}$;
3 **Compute** $GP_{U\cup U_X}(D|B)$, $GP_{U\cup U_X}(D|C)$;
4 **if** $GP_{(U\cup U_X)}(D|B)=GP_{(U\cup U_X)}(D|C)$ **then**
5 **go to** 21;
6 **else**
7 **go to** 9;
8 **end**
9 **while** $GP_{(U\cup U_X)}(D|B)\neq GP_{(U\cup U_X)}(D|C)$ **do**
10 **for** *each* $a_i\in(C-B)$ **do**
11 **Compute** $(Q^{R_{\{a_i\}}}_{(U\cup U_X)})_{t\times n}$, $(Z^{R_{\{a_i\}}}_{U_X})_{t\times t}$, $Sig^{outer}_{(U\cup U_X)}(a_i,B,D)$;
12 $a_0=max\left\{Sig^{outer}_{U\cup U_X}(a_i,B,D), a_i\in(C-B)\right\}$;
13 $B\leftarrow(B\cup\{a_0\})$;
14 **end**
15 **end**
16 **for** *each* $(a_i)\in B$ **do**
17 **if** $GP_{(U\cup U_X)}(D|(B-\{a_i\}))=GP_{(U\cup U_X)}(D|C)$ **then**
18 $B\leftarrow(B-\{a_i\})$;
19 **end**
20 **end**
21 $RED_{(U\cup U_X)}\leftarrow B$;
22 **return** *reduct* $RED_{(U\cup U_X)}$;
23 **end**

3.1.2 对象增加时基于知识粒度和非矩阵方法的动态属性约简原理与算法

对于较小数据集，当对象发生变化时，基于矩阵方法的动态属性约简算法是有效的，但是对于较大数据集，基于矩阵方法的动态属性约简算法在获取决策信息系统的属性约简时，需要耗费大量的计算机内存和计算时间而导致运行速度较慢. 为了克服这个缺陷，本节提出了对象变化时基于非矩阵方法的动态属性约简算法.

3.1.2.1 对象增加时基于知识粒度和非矩阵方法的动态属性约简原理

为了便于理解下面计算知识粒度的增量更新机制，先通过一个实例解释当对象增加时基于非矩阵方法的计算决策信息系统知识粒度的增量更新原理. 假设 $S=(U,A=C\cup D,V,f)$ 是给定的决策信息系统，$U/C=\{X_1,X_2,\cdots,X_m\}$. U_X 是增量对象集，$U_X/C=\{Y_1,Y_2,\cdots,Y_{m'}\}$，由于在 U/C 和 U_X/C 之间可能存在相同的等价类，根据上面的等价类，可得：

$$U\cup U_X/C=\{X_1',X_2',\cdots,X_k',X_{k+1},X_{k+2},\cdots,X_m,Y_{k+1},Y_{k+2},\cdots,Y_{m'}\}.$$

在 $U\cup U_X/C$ 等价类中，$X_i'=X_i\cup Y_i\ (i=1,2,\cdots,k)$ 表示 X_i 和 Y_i 是能够合并的

等价类，换句话说，X_i 和 Y_i 中对象的属性值是一样的；另外，$X_i \in U/C\ (i=k+1,k+2,\cdots,m)$ 和 $Y_i \in U_X/C\ (i=k+1,k+2,\cdots,m')$ 是不能够合并的等价类.

例 3.2 假设 $S=(U,A=C\cup D,V,f)$ 是一个决策信息系统，$U=\{x_1,x_2,x_3,x_4,x_5,x_6,x_7\}$，$U/C=\{\{x_1,x_3\},\{x_2,x_4\},\{x_5\},\{x_6,x_7\}\}$；假设 U_X 是增加的对象集，$U_X=\{y_1,y_2,y_3,y_4\}$，$U_X/C=\{\{y_1,y_2\},\{y_3\},\{y_4\}\}$. 另外，$\{x_5\}$ 和 $\{y_4\}$、$\{x_2,x_4\}$ 和 $\{y_3\}$ 是能够合并的等价类. 则：

$$U\cup U_X/C=\{\{x_5,y_4\},\{x_2,x_4,y_3\},\{x_1,x_3\},\{x_6,x_7\},\{y_1,y_2\}\}.$$

故：

$$X_1'=\{x_5,y_4\},\quad X_2'=\{x_2,x_4,y_3\},\quad X_3=\{x_1,x_3\},\quad X_4=\{x_6,x_7\} \text{ 和 } Y_3=\{y_1,y_2\}.$$

显然，$m=4$，$m'=3$，$k=2$.

定理 3.7 已知决策信息系统 $S=(U,A=C\cup D,V,f)$，$U/C=\{X_1,X_2,\cdots,X_m\}$. 假设 U_X 是增量对象集，$U_X/C=\{Y_1,Y_2,\cdots,Y_{m'}\}$，根据上面等价类可得：

$$U\cup U_X/C=\{X_1',X_2',\cdots,X_k',X_{k+1},X_{k+2},\cdots,X_m,Y_{k+1},Y_{k+2},\cdots,Y_{m'}\}.$$

决策信息系统增加对象后条件属性的知识粒度为：

$$GP_{(U\cup U_X)}(C)=\frac{1}{|U\cup U_X|^2}\left(|U|^2\,GP_{(U)}(C)+|U_X|^2\,GP_{(U_X)}(C)+2\sum_{i=1}^{k}|X_i||Y_i|\right). \tag{3-9}$$

证明 由定义 2.6 可得：

$$GP_{(U\cup U_X)}(C)=\sum_{i=1}^{k}\frac{|X_i'|^2}{|U\cup U_X|^2}+\sum_{i=k+1}^{m}\frac{|X_i|^2}{|U\cup U_X|^2}+\sum_{i=k+1}^{m'}\frac{|Y_i|^2}{|U\cup U_X|^2}.$$

因为 $X_i'=X_i\cup Y_i\ (i=1,2,\cdots,k)$，可得：

$$\begin{aligned}&GP_{(U\cup U_X)}(C)\\&=\sum_{i=1}^{k}\frac{(|X_i|+|Y_i|)^2}{|U\cup U_X|^2}+\sum_{i=k+1}^{m}\frac{|X_i|^2}{|U\cup U_X|^2}+\sum_{i=k+1}^{m'}\frac{|Y_i|^2}{|U\cup U_X|^2}\end{aligned}$$

$$=\frac{1}{\left|U\cup U_X\right|^2}\left(\sum_{i=1}^{k}(\left|X_i\right|+\left|Y_i\right|)^2+\sum_{i=k+1}^{m}\left|X_i\right|^2+\sum_{i=k+1}^{m'}\left|Y_i\right|^2\right)$$

$$=\frac{1}{\left|U\cup U_X\right|^2}\left(\sum_{i=1}^{k}\left|X_i\right|^2+\sum_{i=1}^{k}\left|Y_i\right|^2+2\sum_{i=1}^{k}\left|X_i\right|\left|Y_i\right|+\sum_{i=k+1}^{m}\left|X_i\right|^2+\sum_{i=k+1}^{m'}\left|Y_i\right|^2\right)$$

$$=\frac{1}{\left|U\cup U_X\right|^2}\left(\left|U\right|^2\left(\sum_{i=1}^{k}\frac{\left|X_i\right|^2}{\left|U\right|^2}+\sum_{i=k+1}^{m}\frac{\left|X_i\right|^2}{\left|U\right|^2}\right)+\left|U_X\right|^2\left(\sum_{i=1}^{k}\frac{\left|Y_i\right|^2}{\left|U_X\right|^2}+\sum_{i=k+1}^{m}\frac{\left|Y_i\right|^2}{\left|U_X\right|^2}\right)+2\sum_{i=1}^{k}\left|X_i\right|\left|Y_i\right|\right).$$

因为:

$$GP_U(C)=\sum_{i=1}^{k}\frac{\left|X_i\right|^2}{\left|U\right|^2}+\sum_{i=k+1}^{m}\frac{\left|X_i\right|^2}{\left|U\right|^2},$$

$$GP_{U_X}(C)=\sum_{i=1}^{k}\frac{\left|Y_i\right|^2}{\left|U_X\right|^2}+\sum_{i=k+1}^{m}\frac{\left|Y_i\right|^2}{\left|U_X\right|^2},$$

定理 3.7 得证.

定理 3.8 已知决策信息系统 $S=(U,A=C\cup D,V,f)$，$U/C\cup D=\{M_1,M_2,\cdots,M_n\}$. 假设 U_X 是增量对象集，$U_X/C\cup D=\{N_1,N_2,\cdots,N_{n'}\}$，根据上面等价类可得:

$$U\cup U_X/C\cup D=\{M_1',M_2',\cdots,M_k',M_{k+1},M_{k+2},\cdots,M_n,N_{k+1},N_{k+2},\cdots,N_{n'}\}.$$

决策信息系统增加对象后条件属性和决策属性的知识粒度为:

$$GP_{(U\cup U_X)}(C\cup D)=\frac{1}{\left|U\cup U_X\right|^2}\left(\left|U\right|^2GP_{(U)}(C\cup D)+\left|U_X\right|^2GP_{(U_X)}(C\cup D)+2\sum_{i=1}^{k}\left|M_i\right|\left|N_i\right|\right). \tag{3-10}$$

证明 定理 3.8 的证明过程与定理 3.7 的证明过程相似，略.

定理 3.9 已知决策信息系统 $S=(U,A=C\cup D,V,f)$，$U/C=\{X_1,X_2,\cdots,X_m\}$ 且 $U/C\cup D=\{M_1,M_2,\cdots,M_n\}$. 假设 U_X 是增量对象集，$U_X/C=\{Y_1,Y_2,\cdots,Y_{m'}\}$ 且 $U_X/C\cup D=\{N_1,N_2,\cdots,N_{n'}\}$. $U\cup U_X/C$ 和 $U\cup U_X/C\cup D$ 分别为增加对象后的等价类. 决策信息系统增加对象后决

策属性 D 关于条件属性 C 的相对知识粒度为：

$$GP_{(U\cup U_X)}(D|C)=\frac{1}{|U\cup U_X|^2}\Big(|U|^2 GP_{(U)}(D|C)+|U_X|^2 GP_{(U_X)}(D|C)+2\sum_{i=1}^{k}|X_i||Y_i|-2\sum_{i=1}^{k}|M_i||N_i|\Big). \tag{3-11}$$

证明 由定义 2.7 可得：

$$GP_{(U\cup U_X)}(D|C)=GP_{(U\cup U_X)}(C)-GP_{(U\cup U_X)}(C\cup D).$$

因为：

$$GP_{(U\cup U_X)}(C)=\frac{1}{|U\cup U_X|^2}\Big(|U|^2 GP_U(C)+|U_X|^2 GP_{U_X}(C)+2\sum_{i=1}^{k}|X_i||Y_i|\Big),$$

$$GP_{(U\cup U_X)}(C\cup D)=\frac{1}{|U\cup U_X|^2}\Big(|U|^2 GP_{(U)}(C\cup D)+|U_X|^2 GP_{(U_X)}(C\cup D)+2\sum_{i=1}^{k}|M_i||N_i|\Big),$$

则：

$$GP_{(U\cup U_X)}(D|C)=\frac{1}{|U\cup U_X|^2}\Big(|U|^2 (GP_U(C)-GP_U(C\cup D))+|U_X|^2 (GP_{U_X}(C)-GP_{U_X}(C\cup D))+2\sum_{i=1}^{k}|X_i||Y_i|-2\sum_{i=1}^{k}|M_i||N_i|\Big).$$

因为：

$$GP_U(D|C)=GP_U(C)-GP_U(C\cup D),$$

$$GP_{U_X}(D|C)=GP_{U_X}(C)-GP_{U_X}(C\cup D),$$

定理 3.9 得证.

定理 3.10 已知决策信息系统 $S=(U,A=C\cup D,V,f)$,

$U/C=\{X_1,X_2,\cdots,X_m\}$, $U/C\cup D=\{M_1,M_2,\cdots,M_n\}$,

$U/(C-\{a\})=\{E_1,E_2,\cdots,E_b\}$, $U/(C-\{a\}\cup D)=\{Z_1,Z_2,\cdots,Z_{b'}\}$.

假设 U_X 是增量对象集，

$U_X/C=\{Y_1,Y_2,\cdots,Y_{m'}\}$, $U_X/C\cup D=\{N_1,N_2,\cdots,N_{n'}\}$,

$U_X/(C-\{a\})=\{F_1,F_2,\cdots,F_{c\text{-}1},F_c\}$, $U_X/(C-\{a\}\cup D)=\{L_1,L_2,\cdots,L_{c'\text{-}1},L_{c'}\}$.

$U\cup U_X/C$，$U\cup U_X/C\cup D$，$U\cup U_X/C-\{a\}$和$U\cup U_X/(C-\{a\}\cup D)$分别为增加对象后的等价类. $\forall a\in C$，属性a关于条件属性集C相对于决策属性集D的重要性为：

$$Sig_{(U\cup U_X)}^{inter}(a,C,D)=\frac{1}{|U\cup U_X|^2}\Big(|U|^2\,Sig_U^{inter}(a,C,D)+|U_X|^2\,Sig_{U_X}^{inter}(a,C,D)+$$
$$2\sum_{i=1}^{k}|E_i||F_i|-2\sum_{i=1}^{k}|Z_i||L_i|-2\sum_{i=1}^{k}|X_i||Y_i|+2\sum_{i=1}^{k}|M_i||N_i|\Big).$$

（3-12）

定理 3.11 已知决策信息系统$S=(U,A=C\cup D,V,f)$，令$B\subseteq C$，

$U/B=\{Q_1,Q_2,\cdots,Q_d\}$，$U/B\cup D=\{G_1,G_2,\cdots,G_{d'}\}$，

$U/(B\cup\{a\})=\{H_1,H_2,\cdots,H_z\}$，$U/(B\cup\{a\}\cup D)=\{P_1,P_2,\cdots,P_{z'}\}$.

假设U_X是增量对象集，

$U_X/B=\{O_1,O_2,\cdots,O_w\}$，$U_X/B\cup D=\{T_1,T_2,\cdots,T_{w'}\}$，

$U_X/(B\cup\{a\})=\{W_1,W_2,\cdots,W_l\}$，$U_X/(B\cup\{a\}\cup D)=\{I_1,I_2,\cdots,I_{l'}\}$.

$U\cup U_X/B$，$U\cup U_X/B\cup D$，$U\cup U_X/(B\cup\{a\})$和$U\cup U_X/(B\cup\{a\}\cup D)$分别为增加对象后的等价类. $\forall a\in(C-B)$，属性a关于属性集B相对于决策属性集D的重要性为：

$$Sig_{(U\cup U_X)}^{outer}(a,B,D)=\frac{1}{|U\cup U_X|^2}\Big(|U|^2\,Sig_U^{outer}(a,B,D)+|U_X|^2\,Sig_{U_X}^{outer}(a,B,D)+$$
$$2\sum_{i=1}^{k}|Q_i||O_i|-2\sum_{i=1}^{k}|G_i||T_i|-2\sum_{i=1}^{k}|H_i||W_i|+2\sum_{i=1}^{k}|P_i||I_i|\Big).$$

（3-13）

3.1.2.2 对象增加时基于知识粒度和非矩阵方法的动态属性约简算法

当决策信息系统中对象增加时，根据3.1.2.1基于非矩阵方法的计算知识粒度的增量更新原理，设计了对象增加时基于知识粒度和非矩阵方法的动态属性约简算法，具体步骤如算法3.2所述.

Algorithm 3.2: An Incremental Algorithm for Reduction Computation based on knowledge granularity (IARC)

Input: A decision table $S=(U,C\cup D,V,f)$, the reduction RED_U, the incremental object set U_X.
Output: A new reduction $RED_{(U\cup U_X)}$.

1 **begin**
2 　$B\leftarrow RED_U$, **Calculate** U/B, U/C, U_X/B, U_X/C;
3 　**Calculate** $GP_{U_X}(D|B)$ and $GP_{U_X}(D|C)$;
4 　**Calculate** $GP_{U_X}(D|B)$ and $GP_{U_X}(D|C)$;
5 　**if** $GP_{U_X}(D|B)=GP_{U_X}(D|C)$ **then**
6 　　**go to** Step 22;
7 　**else**
8 　　**go to** Step10;
9 　**end**
10 　**while** $GP_{(U\cup U_X)}(D|B)\neq GP_{(U\cup U_X)}(D|C)$ **do**
11 　　**for** *each* $a_i\in(C-B)$ **do**
12 　　　**Calculate** $Sig^{outer}_{(U\cup U_X)}(a_i,B,D)$;
13 　　　$a_0=max\left\{Sig^{outer}_{U\cup U_X}(a_i,B,D),a_i\in(C-B)\right\}$
14 　　　$B\leftarrow(B\cup\{a_0\})$;
15 　　**end**
16 　**end**
17 　**for** *each* $a_i\in B$ **do**
18 　　**if** $GP_{(U\cup U_X)}(D|(B-\{a_i\}))=GP_{(U\cup U_X)}(D|C)$ **then**
19 　　　$B\leftarrow(B-\{a_i\})$;
20 　　**end**
21 　**end**
22 　$RED_{(U\cup U_X)}\leftarrow B$;
23 　**return** $RED_{(U\cup U_X)}$.
24 **end**

下面通过实例来说明基于知识粒度和非矩阵方法的动态属性约简算法的具体过程：

例 3.3　运用非动态属性约简算法计算表 2-1 的属性约简为 $B=\{b,f\}$，假设 $U_X=\{10,11,12\}$ 是增加的对象集，其中，

$$10=\{0,1,1,1,0,1\}，\quad 11=\{1,1,0,1,0,1\}，\quad 12=\{1,0,0,0,0,0\}.$$

计算联合等价类：

$$U\cup U_X/C=\{\{1,10\},\{2,4,11\},\{3,5\},\{6,7\},\{8,9\},\{12\}\},$$

$$U\cup U_X/B=\{\{1,10,2,4,11\},\{8,9,12\},\{3,5\},\{6,7\}\}.$$

计算对象添加到决策信息系统后的知识粒度为 $GP_{U_X}(D|B)=\dfrac{1}{9}$，增加数据集相对知识粒度为 $GP_{U_X}(D|C)=0$，因为 $GP_{U_X}(D|C)\neq GP_{U_X}(D|B)$，需要不断从属性集 $C-B$ 中选取最大属性重要度的属性添加到 B 中.

计算决策信息系统增加对象后的属性约简，把属性 a,e 增加到约简 B 中，得到：

$$GP_{U\cup U_X}(D|C)=GP_{U\cup U_X}(D|B)=\frac{3}{72}.$$

从约简 B 中删除冗余属性，对象添加到决策信息系统后的属性约简为 $B=\{b,f,a,e\}$.

3.1.3 对象删除时基于知识粒度和非矩阵方法的动态属性约简原理与算法

3.1.3.1 对象删除时基于知识粒度和非矩阵方法的动态属性约简原理

为了便于理解删除对象时计算知识粒度的增量更新机制，先通过一个实例解释当对象删除时基于非矩阵方法的计算决策信息系统知识粒度增量更新原理．假设 $S=(U,A=C\cup D,V,f)$ 是给定的决策信息系统，$U/C=\{X_1,X_2,\cdots,X_m\}$．$U_X$ 是删除对象集，$U_X/C=\{Y_1,Y_2,\cdots,Y_s\}$，由于在 U/C 和 U_X/C 等价类之间可能存在相同的等价类，根据上面的等价类可得：

$$U-U_X/C=\{X_1',X_2',\cdots,X_s',X_{s+1},X_{s+2},\cdots,X_m\}.$$

在 $U-U_X/C$ 等价类中，$X_i'=X_i-Y_i\ (i=1,2,\cdots,k)$ 表示可以从等价类 X_i 中删除等价类 Y_i，换句话说，X_i 和 Y_i 中对象的属性值是一样的；另外，$X_i\in U/C(i=s+1,s+2,\cdots,m)$ 是没有发生变化的等价类.

例 3.4 已知决策信息系统 $S=(U,A=C\cup D,V,f)$，

$U=\{x_1,x_2,x_3,x_4,x_5,x_6,x_7\}$，$U/C=\{\{x_1,x_3\},\{x_2,x_4\},\{x_5\},\{x_6,x_7\}\}$；$U_X$ 是删除的对象集，$U_X=\{x_2,x_6\}$，$U_X/C=\{\{x_2\},\{x_6\}\}$．由于 $\{x_2\}$ 和 $\{x_2,x_4\}$、$\{x_6\}$ 和 $\{x_6,x_7\}$ 是能够删除的等价类，则：

$$U-U_X/C=\{\{x_4\},\{x_7\},\{x_1,x_3\},\{x_5\}\}.$$

故：

$$X_1'=\{x_4\},\quad X_2'=\{x_7\},\quad X_3=\{x_1,x_3\},\quad X_4=\{x_5\}.$$

定理 3.12 已知决策信息系统 $S=(U,A=C\cup D,V,f)$，$U/C=\{X_1,X_2,\cdots,X_m\}$．假设 U_X 是删除的对象集，$U_X/C=\{Y_1,Y_2,\cdots,Y_s\}$，根据上面等价类可得：$U-U_X/C=\{X_1',X_2',\cdots,X_s',X_{s+1},X_{s+2},\cdots,X_m\}$．决策信息系统删除对象后条件属性的知识粒度为：

$$GP_{(U-U_X)}(C)=\frac{1}{|U-U_X|^2}\left(|U|^2 GP_{(U)}(C)+|U_X|^2 GP_{(U_X)}(C)-2\sum_{i=1}^{s}|X_i||Y_i|\right).$$

（3-14）

证明　由定义 2.6 可得：

$$GP_{(U-U_X)}(C)=\sum_{i=1}^{s}\frac{|X_i'|^2}{|U-U_X|^2}+\sum_{i=s+1}^{m}\frac{|X_i|^2}{|U-U_X|^2}.$$

因为 $X_i'=X_i-Y_i(i=1,2,\cdots,s)$，可得：

$$\begin{aligned}GP_{(U-U_X)}(C)&=\sum_{i=1}^{s}\frac{(|X_i|-|Y_i|)^2}{|U-U_X|^2}+\sum_{i=s+1}^{m}\frac{|X_i|^2}{|U-U_X|^2}\\&=\frac{1}{|U-U_X|^2}\left(\sum_{i=1}^{s}(|X_i|-|Y_i|)^2+\sum_{i=s+1}^{m}|X_i|^2\right)\\&=\frac{1}{|U-U_X|^2}\left(\sum_{i=1}^{s}|X_i|^2+\sum_{i=1}^{s}|Y_i|^2-2\sum_{i=1}^{s}|X_i||Y_i|+\sum_{i=s+1}^{m}|X_i|^2\right)\\&=\frac{1}{|U-U_X|^2}\left(|U|^2\left(\sum_{i=1}^{s}\frac{|X_i|^2}{|U|^2}+\sum_{i=s+1}^{m}\frac{|X_i|^2}{|U|^2}\right)+|U_X|^2\sum_{i=1}^{s}\frac{|Y_i|^2}{|U_X|^2}-2\sum_{i=1}^{s}|X_i||Y_i|\right)\end{aligned}$$

因为：

$$GP_U(C)=\sum_{i=1}^{s}\frac{|X_i|^2}{|U|^2}+\sum_{i=s+1}^{m}\frac{|X_i|^2}{|U|^2},\quad GP_{U_X}(C)=\sum_{i=1}^{s}\frac{|Y_i|^2}{|U_X|^2},$$

定理 3.12 得证.

定理 3.13　已知决策信息系统 $S=(U,A=C\cup D,V,f)$，$U/C\cup D=\{M_1,M_2,\cdots,M_n\}$. 假设 U_X 是删除的对象集，$U_X/C\cup D=\{N_1,N_2,\cdots,N_k\}$. 根据上面等价类可得：$U-U_X/C\cup D=\{M_1',M_2',\cdots,M_k',M_{k+1},M_{k+2},\cdots,M_n\}$. 对象集从决策信息系统被删除后条件属性和决策属性的知识粒度为：

$$GP_{(U-U_X)}(C\cup D)=\frac{1}{|U-U_X|^2}\Big(|U|^2 GP_{(U)}(C\cup D)+$$
$$|U_X|^2 GP_{(U_X)}(C\cup D)-2\sum_{i=1}^{k}|M_i||N_i|\Big).\qquad(3\text{-}15)$$

证明 定理 3.13 的证明过程与定理 3.12 的证明过程相似，略.

定理 3.14 已知决策信息系统 $S=(U,A=C\cup D,V,f)$ ，$U/C=\{X_1,X_2,\cdots,X_m\}$，且 $U/C\cup D=\{M_1,M_2,\cdots,M_n\}$. 假设 U_X 是删除的对象集，$U_X/C=\{Y_1,Y_2,\cdots,Y_s\}$ 且 $U_X/C\cup D=\{N_1,N_2,\cdots,N_k\}$，根据上面等价类可得：

$$U-U_X/C=\{X_1',X_2',\cdots,X_s',X_{s+1},X_{s+2},\cdots,X_m\},$$

$$U-U_X/C\cup D=\{M_1',M_2',\cdots,M_k',M_{k+1},M_{k+2},\cdots,M_n\}.$$

决策信息系统删除对象后决策属性 D 关于条件属性 C 的相对知识粒度为：

$$GP_{(U-U_X)}(D\mid C)=\frac{1}{|U-U_X|^2}\Big(|U|^2\,GP_{(U)}(D\mid C)+|U_X|^2\,GP_{(U_X)}(D\mid C)-2\sum_{i=1}^{s}|X_i||Y_i|+2\sum_{i=1}^{k}|M_i||N_i|\Big). \tag{3-16}$$

证明 定理 3.14 的证明过程与定理 3.9 的证明过程相似，略.

3.1.3.2 对象删除时基于知识粒度和非矩阵方法的动态属性约简算法

当决策信息系统中对象删除时，根据 3.1.3.1 基于非矩阵方法的计算知识粒度的增量更新原理，设计了基于知识粒度和非矩阵方法的动态属性约简算法，具体步骤如算法 3.3 所述.

Algorithm 3.3: Updating Attribute Reduction algorithm when Deleting some objects (UARD)

Input: A decision table $S=(U,C\cup D,V,f)$, the reduction RED_U, and the deleting object set U_X.
Output: A new reduction $RED_{(U-U_X)}$.

```
1  begin
2  |   B ← RED_U, Calculate U_X/C;
3  |   Calculate (U − U_X)/C, (U − U_X)/(C ∪ D);
4  |   Calculate GP_(U−U_X)(D|C));
5  |   for each a_i ∈ B do
6  |   |   if GP_(U−U_X)(D|(B − {a_i})) = GP_(U−U_X)(D|C) then
7  |   |   |   B ← (B − {a_i});
8  |   |   end
9  |   end
10 |   RED_(U−U_X) ← B;
11 |   return reduct RED_(U−U_X);
12 end
```

3.1.4　算法复杂度分析

本节介绍算法 3.1（MIARC）、算法 3.2（IARC）和算法 3.3（UARD）的时间复杂度.

（1）算法 MIARC 的时间复杂度的计算过程：当一些对象添加到决策信息系统时，利用基于矩阵方法的增量机制计算决策信息系统知识粒度的时间复杂度为 $O(|C||U||U_X|)$，计算增加对象后决策信息系统相对知识粒度的时间复杂度为 $O(|C||U||U_X|+|C||U_X|^2)$，计算增加对象后决策信息系统属性约简的时间复杂度为 $O(|C||U||U_X|+|C||U_X|^2)$，最后计算删除决策信息系统属性约简中冗余属性的时间复杂度为 $O(|C||U||U_X|+|C||U_X|^2)$. 故基于矩阵方法的动态属性约简算法 3.1（MIARC）的总的时间复杂度为 $O(|C||U||U_X|+|C||U_X|^2)$.

（2）算法 IARC 的时间复杂度的计算过程：当一些对象添加到决策信息系统时，利用基于非矩阵方法的增量机制计算决策信息系统知识粒度的时间复杂度为 $O(|C||U||U_X|)$，计算增加对象后决策信息系统相对知识粒度的时间复杂度为 $O(|C||U_X|^2)$，计算增加对象后决策信息系统属性约简的时间复杂度为 $O(|C||m||m'|)$（其中参数 m,m' 如定理 3.9 所述），最后计算删除决策信息系统属性约简中冗余属性的时间复杂度为 $O(|C||m||m'|)$. 所以基于非矩阵方法的动态属性约简算法 3.2（IARC）的总的时间算法复杂度为 $O(|C||m||m'|+|C||U_X|^2)$.

（3）算法 UARD 的时间复杂度的计算过程：当多个对象从决策信息系统被删除时，通过基于非矩阵方法的增量机制计算决策信息系统知识粒度的时间复杂度为 $O(|C||U_X|)$，计算删除决策信息系统属性约简中冗余属性的时间复杂度为 $O(|C||k||s|+|C||U_X|^2)$（其中参数 k,s 如定理 3.14 所述）. 所以基于非矩阵方法的动态属性约简算法 3.3（UARD）的总的时间复杂度为 $O(|C||k||s|+|C||U_X|^2)$.

算法 CAR、算法 MIARC、算法 IARC 和算法 UARD 的时间复杂度比较如表 3-2 所示.

表 3-2 算法 CAR、MIARC、IARC 和 UARD 的时间复杂度比较

属性约简算法	时间复杂度
算法 CAR	$O(\lvert C\rvert\lvert U\rvert\lvert U_X\rvert+\lvert C\rvert\lvert U\rvert^2+\lvert C\rvert\lvert U_X\rvert^2)$
算法 MIARC	$O(\lvert C\rvert\lvert U\rvert\lvert U_X\rvert+\lvert C\rvert\lvert U_X\rvert^2)$
算法 IARC	$O(\lvert C\rvert\lvert m\rvert\lvert m'\rvert+\lvert C\rvert\lvert U_X\rvert^2)$
算法 UARD	$O(\lvert C\rvert\lvert k\rvert\lvert s\rvert+\lvert C\rvert\lvert U_X\rvert^2)$

从表 3-2 可以看到，当对象增加时，经典粗糙集模型属性约简算法 CAR 的时间复杂度远远大于基于非矩阵方法的动态属性约简算法 IARC 和基于矩阵方法的动态属性约简算法 MIARC 的时间复杂度，算法 IARC 的时间复杂度小于算法 MIARC 的时间复杂度；当对象删除时，算法 CAR 的时间复杂度远远大于算法 UARD 的时间复杂度，从而验证了所提出的结论“基于非矩阵方法的动态属性约简算法是能够有效处理实时动态变化数据集”的正确性.

3.1.5 实验方案与性能分析

本节利用UCI机器学习数据集进行了大量实验以验证所提出的基于非矩阵方法的动态属性约简算法的高效性. 实验仿真方案与实验性能分析过程介绍如下.

3.1.5.1 实验方案

我们从 UCI 机器学习公用数据集上下载了 9 个数据集进行实验. 下载的 9 个数据集的具体描述如表 3-3 所示. 我们用 Microsoft C#来编写所提出的算法. 实验过程中所用的计算机硬件和软件配置环境为：CPU：Inter Core2 Quad Q8200，2.66 GHz，内存：4.0 GB；操作系统：64-bit Windows 7. 另外，本章所提出的基于矩阵、非矩阵方法的动态属性约简算法主要以完备决策信息系统为研究对象，因此，对于不完备决策信息系统中具有缺失的数据，在实验过程中进行简单删除即可. 在实验过程中，由于计算机运行时间不稳定，为了让运行时间更具有代表性，我们把多次运行的时间取平均值作为属性约简的计算时间,本章取10次运行时间的平均值作为实验最终结果值.

表 3-3　数据集的具体描述

序号	数据集	对象数	属性数	决策类数
1	Cancer	683	9	2
2	Tic-tea-toe	958	9	2
3	Kr-vs-kp	3196	36	2
4	Krkopt	28 056	6	18
5	Letter	20 000	16	26
6	shuttle	43 500	9	7
7	Mushroom	5644	22	2
8	Dermatology	366	34	6
9	Backup-large	307	35	19

我们通过以下几组实验来验证所提出算法的有效性:

（1）针对不同数据集，对对象变化（增加或删除）时动态属性约简算法和非动态属性约简算法的运行结果进行比较，具体实验方案如下:

在实验中，把表3-3数据集中的对象均匀分成两部分，第一部分数据集是基本数据集，第二部分数据集作为增量数据集（或者成为被删除数据集）,当增量数据集添加到基本数据集(或者从整个数据集中删除该数据集）时，分别用动态属性约简算法和非动态属性约简算法来运行每个数据集.

（2）针对同一数据集中不同大小对象集，对对象变化（增加或删除）时动态属性约简算法和非动态属性约简算法的运行结果进行比较，具体实验方案如下:

在实验中，首先把表3-3数据集中的对象均匀分成两部分，把其中一部分数据集作为基本数据集，另外一部分数据集中的对象再均匀分成5部分并依次作为增量数据集(或者成为被删除数据集），当增量数据集依次添加到决策信息系统（或者依次从决策信息系统删除该数据集）时，分别用动态属性约简算法和非动态属性约简算法来运行每个数据集.

（3）针对不同数据集，对对象变化（增加或删除）时动态属性约简算法和非动态属性约简算法的近似分类精度和近似分类质量进行比较，具体实验方案如下：

在实验中，运用粗糙集中近似分类精度和近似分类质量两个评价指标分别对动态属性约简算法和非动态属性约简算法所获得的属性约简的有效性进行分析，当所找到的属性约简的近似分类质量和近似分类精度的值相等或相近时，说明所找到的属性约简是有效的.

（4）针对不同数据集，对对象变化（增加或删除）时动态属性约简算法和非动态属性约简算法的分类精确度结果进行比较,具体实验方案如下：

在实验中，运用十字交叉方法分别对动态属性约简算法和非动态属性约简算法所计算的属性约简的分类精确度进行比较，即把表 3-3 数据集中的对象分成 90%和 10%两部分，其中 90%的部分数据集在实验过程中作为训练集，剩余 10%的部分数据集在实验过程中作为测试集，利用贝叶斯分类方法运行每个数据集.

（5）针对不同数据集，对对象增加时所提出的基于非矩阵方法的动态属性约简算法和其他动态属性约简算法的实验结果进行比较，具体实验方案如下：

在实验中，把表 3-3 数据集中的对象均匀分成两部分，把其中一部分数据集作为基本数据集，另外一部分数据集作为增量数据集，当增量数据集被添加到基本数据集时，分别用基于非矩阵方法的动态属性约简算法和基于信息熵的动态属性约简算法运行每个数据集.

3.1.5.2 性能分析

以上各实验结果分别介绍如下：

（1）决策信息系统中对象发生变化时（增加或删除），动态属性约简算法和非动态属性约简算法的运行结果比较.

当决策信息系统中对象发生变化时（增加或删除），分别用非动态属性约简算法、基于矩阵、非矩阵方法的动态属性约简算法来更新决策信息系统的属性约简，实验结果比较如表 3-4 和表 3-5 所示. 由于算法 MIARC、IARC 计算的属性约简数目、属性约简数值是一样的，所以在表 3-4 中对算法 IARC 仅列出计算时间. 实验结果表明：非动态属性约简算法、基于矩阵、非矩阵方法的动态属性约简算法所得到的属性约简数目（NFS）、属性约简数值是相近的，甚至有些数据集的属性约简是相等的，但是对于决策信息系统对象增加时，基于矩阵方法的动态属性约简算法的运行时间小于非动态属性约简算法的更新时间，基于非矩阵方法的动态属性约简算法的更新时间小于基于矩阵方法的动态属性约简算法的更新时间；针对一些对象从决策信息系统被删除，从表 3-5 可看出，动态属性约简算法的时间远远小于非动态属性约简算法的运行时间. 因此，动态属性约简算法在实际中具有较好的适应性.

表 3-4　比较算法 CAR、MIARC 和 IARC 的运行结果

数据集	CAR（经典）			MIARC（增量）			IARC（增量）
	属性约简数目	属性约简	时间/s	属性约简数目	属性约简	时间/s	时间/s
Cancer	5	6, 3, 2, 5, 1	0.857	5	6, 3, 2, 5, 1	0.134	0.022
Tic-tea-toe	8	1, 5, 4, 2, 9, 7, 3, 8	1.407	8	1, 2, 5, 4, 9, 7, 3, 8	1.322	0.186
Kr-vs-kp	30	1, 3, 4, 5, 6, 7, 10, 12, 13, 15, 16, 17, 18, 20, 21, 23, 24, 25, 26, 27, 28, 30, 31, 33, 34, 35, 36, 11, 32, 22	35.873	31	1, 3, 4, 5, 6, 7, 10, 12, 13, 14, 16, 17, 21, 23, 26, 30, 31, 33, 34, 35, 36, 2, 18, 24, 9, 22, 11, 20, 25, 27, 28	15.55	97.93
Mushroom	9	1, 5, 20, 9, 3, 13, 12, 15, 10	131.64	7	1, 5, 8, 20, 10, 18, 3	86.64	35.72
Dermatology	6	1, 34, 16, 4, 19, 28	0.646	7	1, 34, 16, 4, 3, 28, 19	0.025	36.24
Backup-large	11	7, 16, 1, 22, 10, 29, 6, 8, 21, 4, 15	0.484	17	1, 22, 10, 7, 13, 6, 15, 29, 4, 3, 8, 9, 2, 11, 30, 31, 16	0.248	105.70

表 3-5 比较算法 CAR 和 UARD 的运行结果

数据集	CAR（经典）			UARD（增量）		
	属性约简数目	属性约简	时间/s	属性约简数目	属性约简	时间/s
Cancer	5	4, 3, 2, 1, 6	0.055	5	3, 2, 7, 4, 1	0.019
Tic-tea-toe	1	1	0.036	1	5	0.016
Kr-vs-kp	27	1, 3, 4, 5, 6, 7, 10, 12, 13, 15, 16, 17, 21, 23, 26, 30, 31, 33, 34, 35, 36, 2, 18, 24, 9, 22, 11	1.106	23	1, 3, 4, 5, 6, 7, 10, 12, 13, 15, 16, 17, 18, 21, 23, 26, 30, 31, 33, 34, 35, 36, 11	0.406
Krkopt	6	1, 2, 3, 4, 5, 6	0.356	6	1, 2, 3, 4, 5, 6	0.286
Letter	14	8, 2, 15, 9, 11, 4, 5, 3, 13, 10, 1, 7, 6, 12	1.802	10	4, 8, 15, 11, 13, 10, 7, 6, 12, 14	0.509
shuttle	4	2, 9, 8, 1	2.688	4	2, 9, 8, 1	0.792

（2）不同大小对象增加或删除时，动态属性约简算法和非动态属性约简算法的运行结果比较.

当不同大小对象发生变化时（增加或删除），分别用非动态属性约简算法、基于矩阵、非矩阵方法的动态属性约简算法来更新决策信息系统的属性约简，实验结果比较如表 3-6、表 3-7 和表 3-8 所示. 分别把大小不同的对象添加到基本数据集（或者从决策信息系统删除对象）并进行测试，仿真实验结果比较如图 3-2、图 3-3 及图 3-4 中的每个子图所示. 图中 X 轴为增加大小不同的对象，Y 轴为更新属性约简的运行时间，单位为秒（s）. 图中圆圈线表示增量更新属性约简的运行时间，方格线表示非动态属性约简算法的运行时间. 实验结果表明：动态属性约简算法和非动态属性约简算法所得到的属性约简数目、属性约简数值是非常相近甚至有些数据集的属性约简是相等的，但动态属性约简算法的计算时间远远小于非动态属性约简算法的计算时间. 另外，图 3-2、图 3-3 和图 3-4 显示：随着决策信息系统对象发生变化时（增加或删除），基于矩阵、非矩阵方法的动态属性约简算法和非动态属性约简算法的更新时间都有所增加，但非动态属性约简算法的更新时间增加得更多. 结果验证了动态属性约简算法更适合处理动态变化数据集.

表 3-6　比较算法 CAR 和 MIARC 的运行时间（s）

数据集	（增加对象集（%））CAR					（增加对象集（%））MIARC				
	20	40	60	80	100	20	40	60	80	100
Cancer	0.449	0.498	0.586	0.716	0.857	0.098	0.101	0.12	0.131	0.134
Tic-tea-toe	0.528	0.795	0.986	1.202	1.407	0.114	0.122	0.134	1.157	1.322
Kr-vs-kp	19.272	24.193	29.741	30.815	35.873	9.761	10.081	12.485	13.882	15.556
Mushroom	52.543	66.775	83.871	104.528	131.645	26.912	35.633	43.359	72.275	86.647
Dermatology	0.258	0.342	0.439	0.585	0.646	0.012	0.014	0.018	0.022	0.025
Backup-large	0.202	0.252	0.307	0.398	0.484	0.009	0.013	0.155	0.203	0.248

表 3-7　比较算法 CAR 和 IARC 的运行时间（s）

数据集	（增加对象集（%））CAR					（增加对象集（%））IARC				
	20	40	60	80	100	20	40	60	80	100
Cancer	0.061	0.075	0.093	0.103	0.121	0.01	0.016	0.017	0.018	0.022
Tic-tea-toe	0.170	0.318	0.367	0.438	0.478	0.024	0.074	0.127	0.153	0.186
Kr-vs-kp	11.25	14.77	19.07	32.02	39.32	5.519	7.978	10.19	12.82	17.93
Krkopt	36.89	49.87	64.35	80.22	92.11	12.39	17.93	24.10	30.89	35.72
Letter	124.7	177.7	233.9	285.4	376.1	11.47	17.12	22.79	29.15	36.24
shuttle	212.2	292.4	382.6	487.5	610.8	33.47	47.44	65.35	80.48	105.7

表 3-8　比较算法 CAR 和 UARD 的运行时间（s）

数据集	（删除对象集（%））CAR					（删除对象集（%））UARD				
	20	40	60	80	100	20	40	60	80	100
Cancer	0.081	0.076	0.071	0.062	0.055	0.039	0.035	0.029	0.025	0.019
Tic-tea-toe	0.090	0.073	0.059	0.046	0.036	0.034	0.032	0.034	0.021	0.016
Kr-vs-kp	1.524	1.459	1.255	1.231	1.106	0.739	0.561	0.469	0.418	0.406
Krkopt	0.624	0.622	0.562	0.375	0.356	0.422	0.413	0.375	0.329	0.283
Letter	3.609	3.071	2.797	2.121	1.802	1.410	0.874	0.707	0.653	0.509
shuttle	5.752	4.271	3.926	2.928	2.688	1.863	1.260	0.945	0.866	0.792

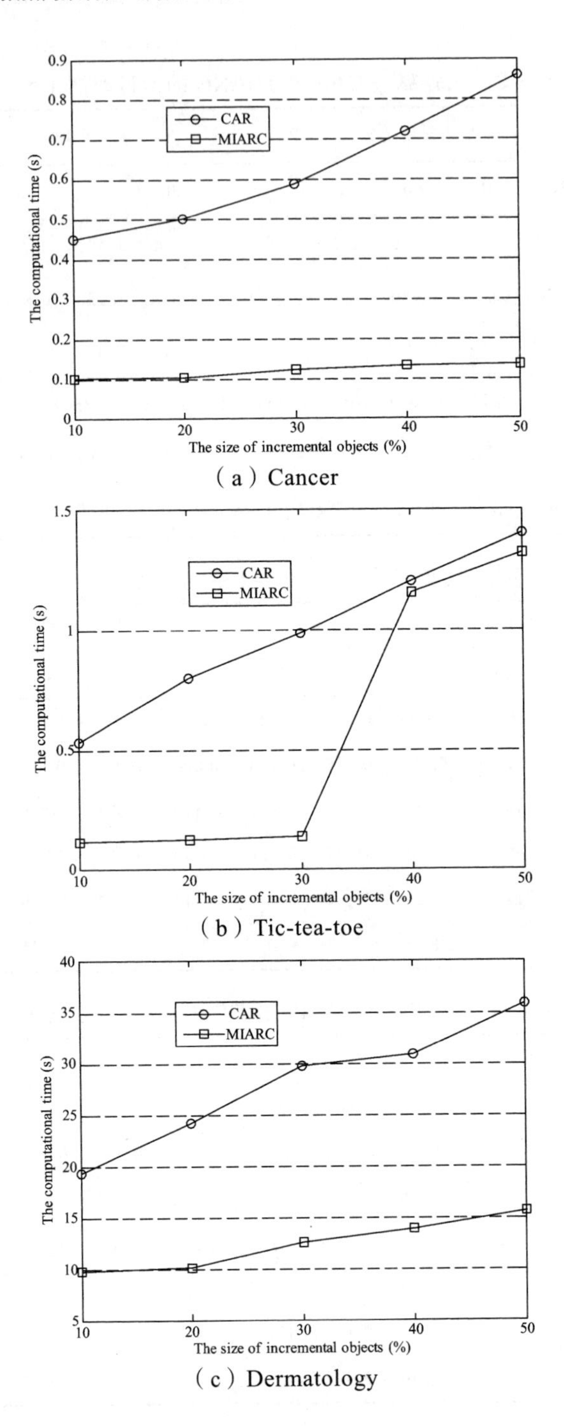

（a）Cancer

（b）Tic-tea-toe

（c）Dermatology

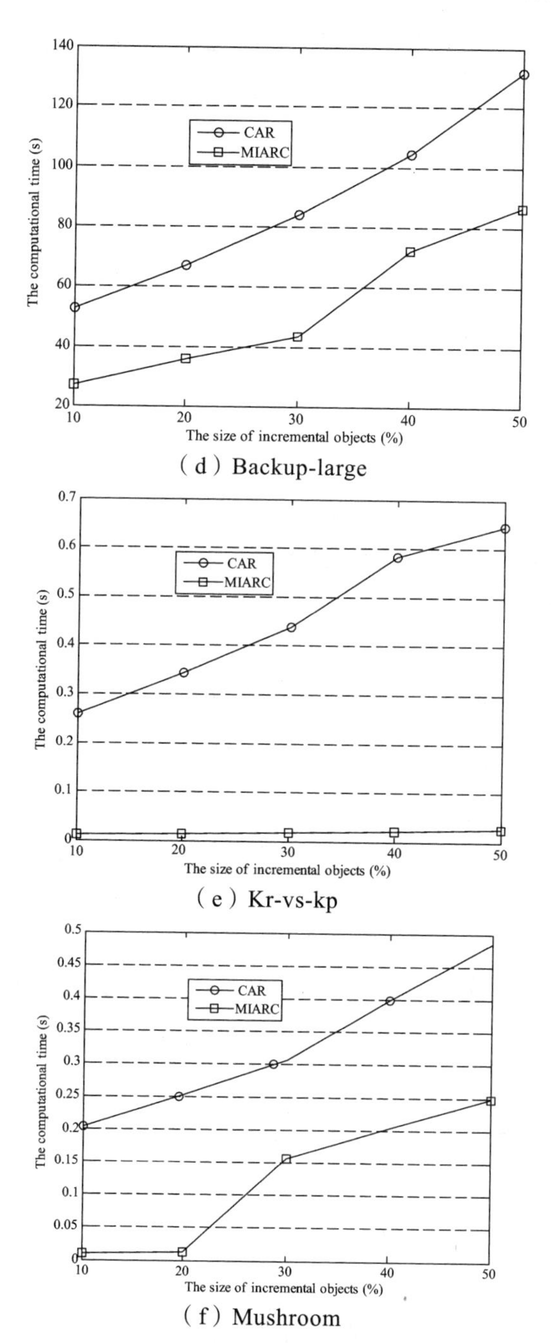

（d）Backup-large

（e）Kr-vs-kp

（f）Mushroom

图 3-2　对象增加时基于矩阵方法的动态属性约简运行时间与非动态属性约简运行时间比较

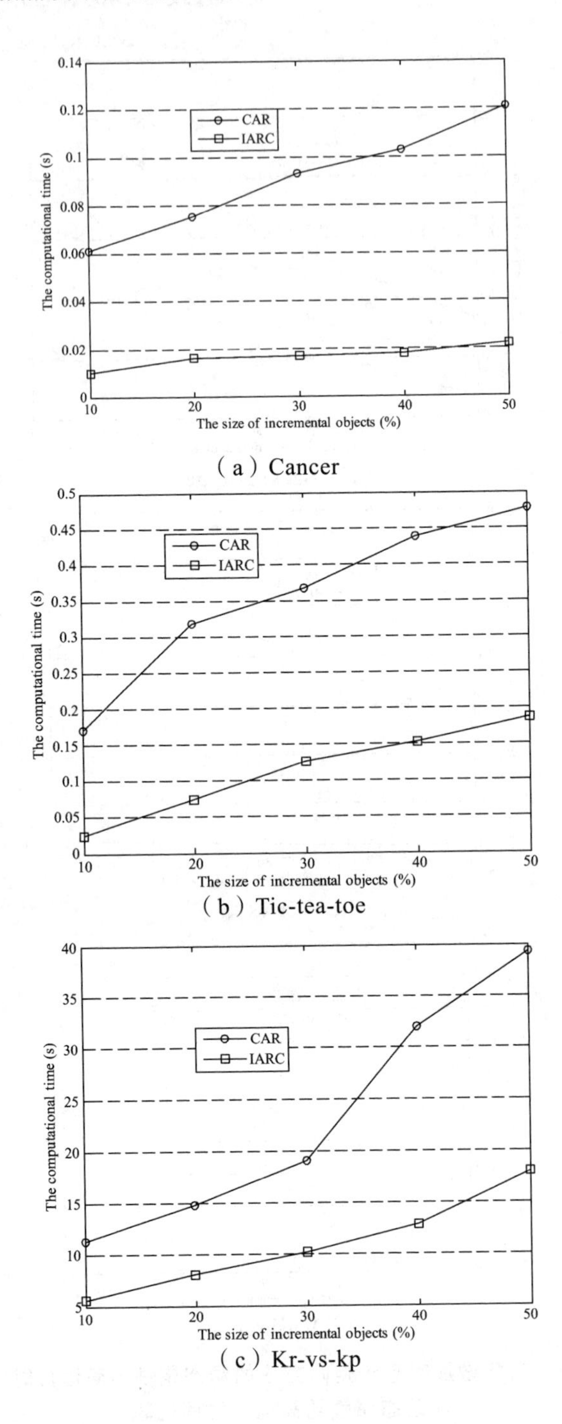

（a）Cancer

（b）Tic-tea-toe

（c）Kr-vs-kp

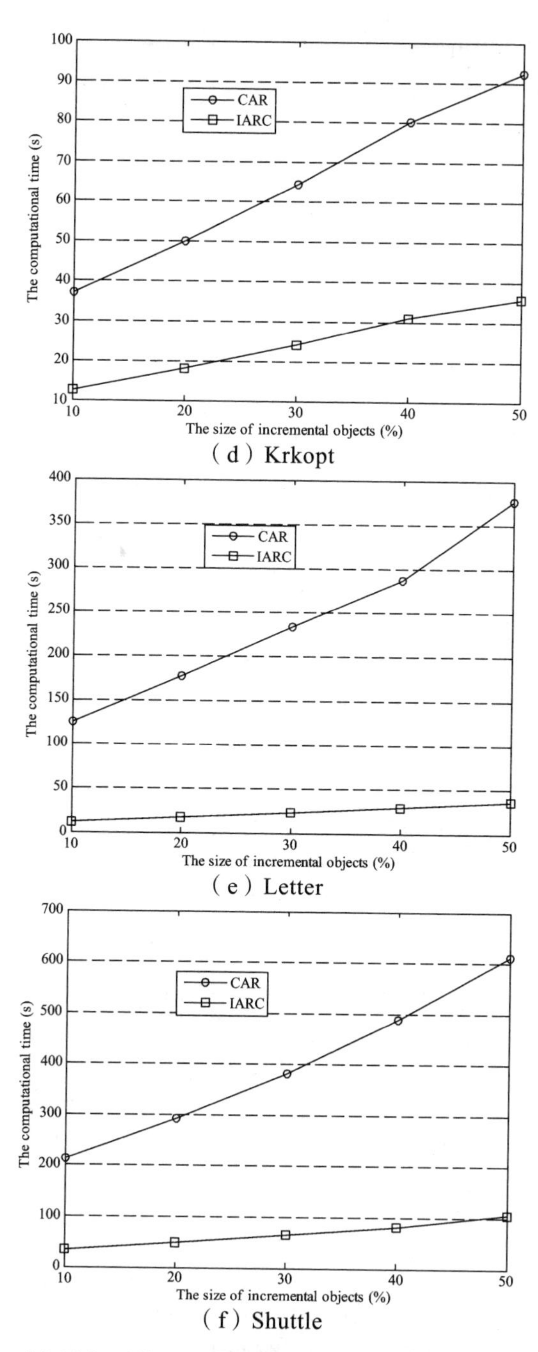

（d）Krkopt

（e）Letter

（f）Shuttle

图 3-3　对象增加时基于非矩阵方法的动态属性约简运行时间与非动态属性约简运行时间比较

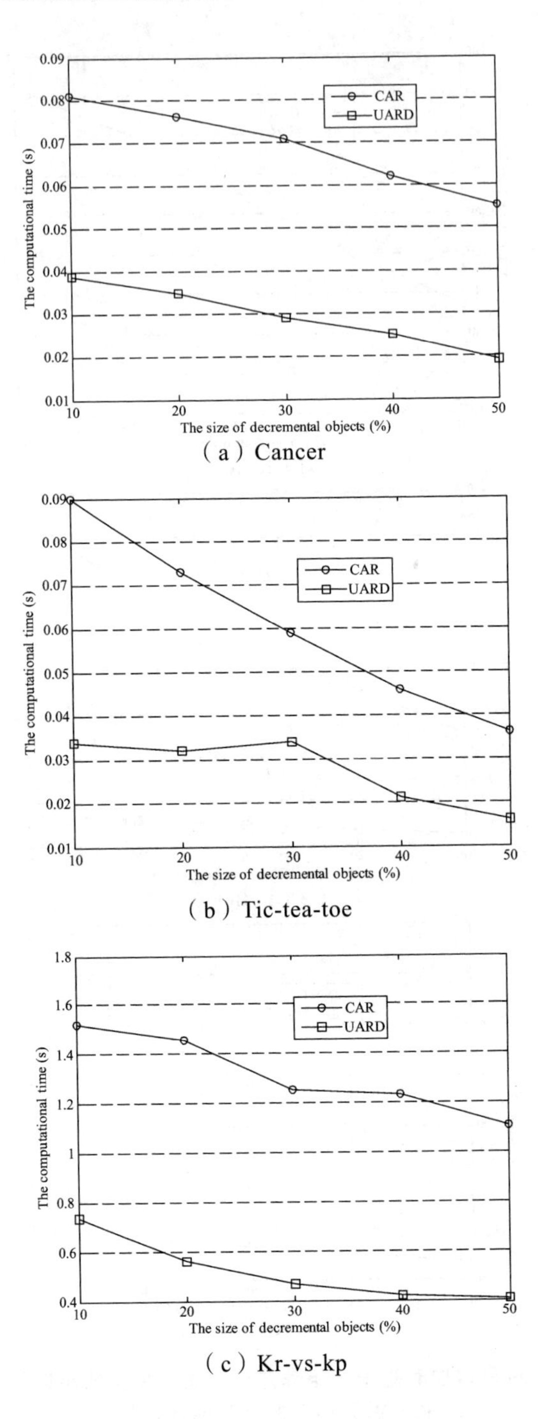

(a) Cancer

(b) Tic-tea-toe

(c) Kr-vs-kp

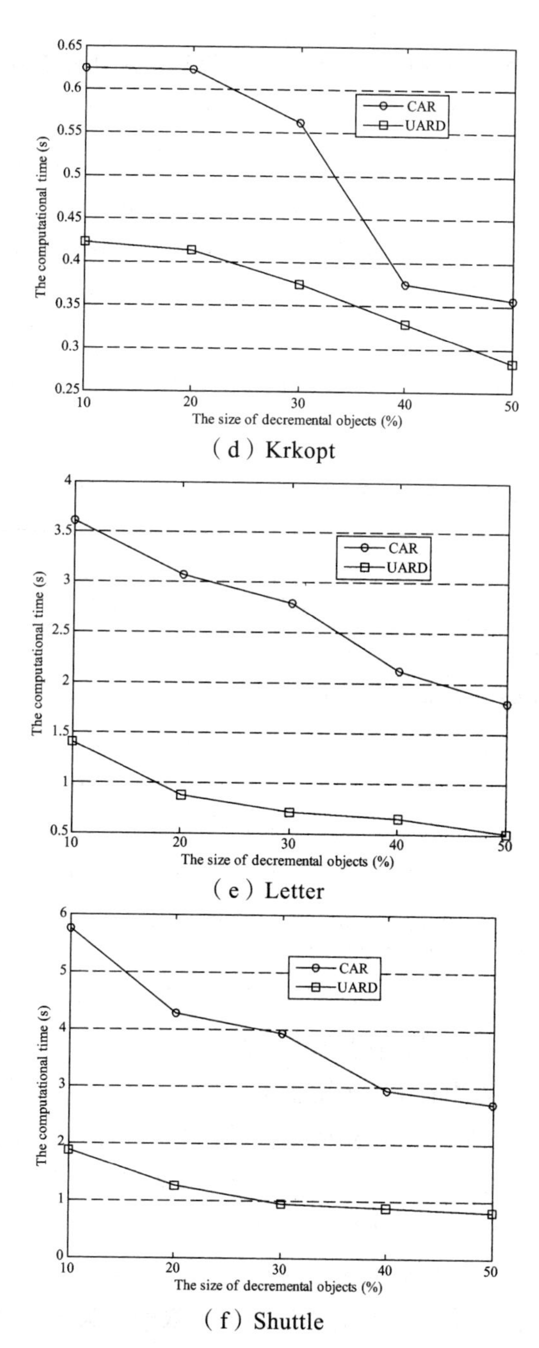

(d) Krkopt

(e) Letter

(f) Shuttle

图 3-4 对象删除时基于非矩阵方法的动态属性约简运行时间与非动态属性约简运行时间比较

（3）对象增加或删除时，动态属性约简算法和非动态属性约简算法所计算的属性约简的近似分类精度和近似分类质量结果比较.

当一些对象增加到决策信息系统或从决策信息系统被删除时，运用粗糙集中近似分类精度和近似分类质量两个评价指标分别对动态属性约简算法和非动态属性约简算法所获得的属性约简的有效性进行分析，结果比较如表 3-9 所示. 结果表明：动态属性约简算法和非动态属性约简算法所计算的属性约简的近似分类精度和近似分类质量数值是非常相近甚至有些数据集的近似分类精度和近似分类质量是相等的. 结果验证了动态属性约简算法所得到的属性约简是有效的.

表 3-9　比较算法 CAR、IARC 和 UARD 的近似分类精度和近似分类质量

数据集	增加对象				删除对象			
	CAR		IARC		CAR		UARD	
	AQ	AP	AQ	AP	AQ	AP	AQ	AP
Cancer	1.0000	1.0000	1.0000	1.0000	1.0000	1.0000	1.0000	1.0000
Tic-tea-toe	1.0000	0.9999	1.0000	0.9999	1.0000	0.9999	1.0000	0.9999
Kr-vs-kp	1.0000	0.9999	1.0000	0.9999	1.0000	0.9999	1.0000	0.9999
Krkopt	1.0000	1.0000	1.0000	1.0000	1.0000	1.0000	1.0000	1.0000
Letter	1.0000	0.9999	0.9999	0.9997	1.0000	0.9999	0.9999	0.9997
shuttle	1.0000	1.0000	1.0000	1.0000	1.0000	1.0000	1.0000	1.0000

（4）对象增加或删除时，动态属性约简算法和非动态属性约简算法所计算的属性约简的分类精确度结果比较.

当对象增加或删除时，运用十字交叉方法分别对动态属性约简算法和非动态属性约简算法所得到的属性约简的分类精确度进行分析比较，用贝叶斯分类方法运行每个数据集的结果如表 3-10 所示. 结果表明：动态属性约简算法和非动态属性约简算法所计算的属性约简的分类精确度在大部分数据集上的结果是相等的甚至在个别数据集的分类精确度有所提高. 结果表明：动态属性约简算法能够有效处理决策信息系统中对象变化的数据集.

表 3-10　比较算法 CAR、IARC 和 UARD 的分类精确度（%）

数据集	增加对象		删除对象	
	CAR	IARC	CAR	UARD
Cancer	74.7110	74.7110	98.2808	98.8467
Tic-tea-toe	69.5198	69.5198	88.7265	88.7265
Kr-vs-kp	90.1439	91.2052	84.6779	84.6891
Krkopt	35.3258	35.3258	56.0094	56.0094
Letter	75.2350	76.9412	77.2700	78.1831
shuttle	99.9563	99.9563	99.9770	99.9770

（5）对象增加时基于非矩阵方法的动态属性约简算法与其他动态属性约简算法实验结果比较.

当一些对象增加到决策信息系统中时，分别用基于非矩阵方法的动态属性约简算法和基于信息熵的动态属性约简算法运行每个数据集，结果比较如表 3-11 所示. 结果表明：基于非矩阵方法的动态属性约简算法和基于信息熵的动态属性约简算法所得到的属性约简数目、属性约简是非常相近甚至有些数据集的属性约简是相等的，但是算法 IARC 的计算时间小于算法 GIARC 的计算时间. 实验仿真结果验证了所提出的算法 IARC 能够有效处理动态变化决策信息系统.

3-11　比较知识粒度动态属性约简算法和信息熵动态属性约简算法运行结果

数据集	IARC					GIARC				
	NFS	时间/s	AQ	AP	CA（%）	NFS	时间/s	AQ	AP	CA（%）
Cancer	5	0.022	1.0000	1.0000	74.7110	4	0.057	1.0000	1.0000	73.6981
Tic-tea-toe	8	0.186	1.0000	1.0000	69.5198	8	0.234	1.0000	0.9999	68.6574
Kr-vs-kp	31	17.931	1.0000	0.9999	89.2052	29	6.522	1.0000	0.9999	88.1101
Krkopt	6	35.726	1.0000	1.0000	35.3258	6	204.443	1.0000	0.9999	34.4267
Letter	14	36.245	1.0000	0.9999	76.9412	12	307.857	1.0000	1.0000	72.2457
shuttle	4	105.703	1.0000	1.0000	99.9563	4	808.648	1.0000	1.0000	99.9356

3.2 对象增加时基于正域的动态属性约简算法

当决策信息系统对象发生变化时，本节给出了利用决策表的布尔矩阵和条件属性的等价矩阵计算决策表正域的方法，并从理论上证明了该方法的正确性. 根据只有基于下近似集不变的粗糙集属性约简才有属性核的存在，提出了基于属性核的启发式约简，即把条件属性对决策属性依赖度最高的属性作为约简的核，在属性动态增加时，用矩阵更新的方法来改变属性等价关系矩阵，快速计算属性变化后的正域，通过理论分析和实例验证，表明该算法是有效的[166].

3.2.1 对象增加时基于正域的动态属性约简原理与算法

3.2.1.1 对象增加时基于正域的动态属性约简原理

定义 3.3 如果 $\boldsymbol{A}=(a_{ij})_{m\times n}$，$\boldsymbol{B}=(b_{ij})_{n\times p}$，则 $\boldsymbol{A}\cdot\boldsymbol{B}=\boldsymbol{C}=(c_{ij})_{m\times p}$，其中 $(c_{ij})_{m\times p}=\sum\limits_{k=1}^{n}a_{ik}\cdot b_{kj}$.

定义 3.4 设待增加的 t 个对象 $n+1,n+2,\cdots,n+t$ 与论域 U 中原有的每个对象之间具有 R_C 等价关系，则等价关系矩阵 $\boldsymbol{Q}_{t\times n}^{R_C}$ 的元素为：

$$(q_{ij})_{t\times n}=\begin{cases}1,(u_{n+i},u_j)\in R_C,\\0,(u_{n+i},u_j)\notin R_C,\end{cases}\quad 1\leqslant j\leqslant n,\ 1\leqslant i\leqslant t. \tag{3-17}$$

定义 3.5 设待增加的 t 个对象之间具有 R_C 等价关系，则等价关系矩阵 $\boldsymbol{Z}_{t\times t}^{R_C}$ 的元素为：

$$(z_{ij})_{t\times t}=\begin{cases}1,(u_{n+i},u_{n+j})\in R_C,\\0,(u_{n+i},u_{n+j})\notin R_C,\end{cases}\quad 1\leqslant i,j\leqslant t. \tag{3-18}$$

定义 3.6 设待增加的 t 个对象，决策属性 D 的等价类 $U/D=\{D_1,D_2,\cdots,D_m\}$，$t$ 个对象的决策属性矩阵 $\boldsymbol{O}_{t\times m}^{D}$ 的元素为：

$$(o_{ij})_{t\times m}=\begin{cases}1,u_i\in D_j,\\0,u_i\notin D_j,\end{cases}\quad 1\leqslant i,j\leqslant t.\tag{3-19}$$

定理 3.15 信息系统 $S=(U,A=C\cup D,V,f)$，令 U/C 和 U/D 为 U 中的等价类，其中 $U/D=\{D_1,D_2,\cdots,D_m\}$，$D_i$ 是 U/D 的任意子集，D 关于 C 的正域记为 $POS_C(D)$，矩阵的计算方法如下：

$$POS_C(D)=(\boldsymbol{\varLambda}_{n\times n}^{R_C}\cdot(\boldsymbol{M}_{n\times n}^{R_C}\cdot\boldsymbol{M}_{n\times m}^{D}))_1=(\boldsymbol{\varLambda}_{n\times n}^{R_C}\cdot\boldsymbol{C}_{n\times m})_1$$

其中：· 表示矩阵的普通乘法运算，$(\boldsymbol{\varLambda}_{n\times n}^{R_C}\cdot(\boldsymbol{M}_{n\times n}^{R_C}\cdot\boldsymbol{M}_{n\times m}^{D}))_1$ 为矩阵 $(\boldsymbol{\varLambda}_{n\times n}^{R_C}\cdot(\boldsymbol{M}_{n\times n}^{R_C}\cdot\boldsymbol{M}_{n\times m}^{D}))$ 的 1-截矩阵. 记 $\boldsymbol{C}=(\boldsymbol{M}_{n\times n}^{R_C}\cdot\boldsymbol{M}_{n\times m}^{D})$，并称 $\boldsymbol{C}$ 为乘积矩阵.

定理 3.16 设论域为 $U=\{u_1,u_2,\cdots,u_n\}$，插入至 U 中的 t 个元素为 $n+1,n+2,\cdots,n+t$. $\boldsymbol{M}_{n\times n}^{R_C}$ 和 $\boldsymbol{M}_{(n+t)\times(n+t)}^{R_C}$ 分别为插入 t 个元素至论域 U 前后的 R_C 等价关系矩阵，则有：

$$\boldsymbol{M}_{(n+t)\times(n+t)}^{R_C}=\begin{bmatrix}\boldsymbol{M}_{n\times n}^{R_C} & (\boldsymbol{Q}_{t\times n}^{R_C})^{\mathrm{T}}\\ \boldsymbol{Q}_{t\times n}^{R_C} & \boldsymbol{Z}_{t\times t}^{R_C}\end{bmatrix},\tag{3-20}$$

其中 $(\boldsymbol{Q}_{t\times n}^{R_C})^{\mathrm{T}}$ 矩阵是 $\boldsymbol{Q}_{t\times n}^{R_C}$ 矩阵的转置.

定理 3.17 设论域为 $U=\{u_1,u_2,\cdots,u_n\}$，插入至 U 中的 t 个元素为 $n+1,n+2,\cdots,n+t$. $\boldsymbol{M}_{n\times m}^{D}$ 和 $\boldsymbol{M}_{t\times m}^{D}$ 分别为插入 t 个元素至论域 U 前后决策属性的矩阵为 $\boldsymbol{M}_{(n+t)\times m}^{D}$，则

$$\boldsymbol{M}_{(n+t)\times m}^{D}=\begin{bmatrix}\boldsymbol{M}_{n\times m}^{D}\\ \boldsymbol{M}_{t\times m}^{D}\end{bmatrix}.\tag{3-21}$$

定理 3.18 插入 t 个对象后诱导矩阵的逆阵 $\boldsymbol{\varLambda}_{(n+t)\times(n+t)}^{\uparrow}$ 的元素计算式为：

$$\lambda_k^{\uparrow}=\begin{cases}\lambda_k+\sum\limits_{s=1}^{t}q_{sk},\quad 1\leqslant k\leqslant n,1\leqslant s\leqslant t,\\ \sum\limits_{p=1}^{n}q_{(k-n)p}+\sum\limits_{m=1}^{t}r_{(k-n)m},u_i\in D_j,\ n+1\leqslant k\leqslant n+t.\end{cases}\tag{3-22}$$

3.2.1.2 对象增加时基于正域的动态属性约简算法

当决策表中增加一些对象时，我们提出了对象增加时基于正域的动态属性约简算法 3.4：

算法 3.4 基于正域的动态属性约简算法：

输入：增加对象前的等价关系矩阵 $M_{n\times n}^{R_C}$ 和约简的等价关系矩阵 $M_{n\times n}^{R_{RED}}$ 以及属性的约简 RED，由粗糙集静态属性约简的矩阵算法得出. 增加新的对象 x.

输出：增加对象后的属性约简 $RED^{\uparrow}$.

Setp1：根据定理 3.16 增量更新等价关系矩阵 $M_{n\times n}^{R_C}$ 和 $M_{n\times n}^{R_{RED}}$；

Setp2：根据定理 3.17 增量更新决策表矩阵 $M_{n\times m}^{D}$；

Step3：根据定理 3.18 增量更新诱导矩阵 $\Lambda_{n\times n}^{R_C}$ 和 $\Lambda_{n\times n}^{R_{RED}}$；

Step4：$RED^{\uparrow}=RED$；

Step5：计算更新后的 $POS_C(D)^{\uparrow}$ 和 $POS_{RED}(D)^{\uparrow}$，如果 $POS_C(D)^{\uparrow}=POS_{RED}(D)^{\uparrow}$，转到 Setp7，否则执行 Setp6；

Setp6：For i=1 to $|C\text{-}RED|$

6.1 按照属性依赖度的大小来增加属性 C_i；

6.2 计算更新后的等价关系矩阵 $M_{n\times n}^{R_{RED}\uparrow}$；

6.3 计算更新后的对角矩阵 $\Lambda_{n\times n}^{R_{RED}\uparrow}=\text{diag}(\lambda_1^{+},\lambda_2^{+},\cdots,\lambda_n^{+})\left(\lambda_i^{+}=\sum_{j=1}^{n}m_{ij}\right)$；

6.4 计算更新后 D 关于 $RED^{\uparrow}$ 的正域 $POS_{RED}(D)^{\uparrow}$；

if $POS_C(D)^{\uparrow}=POS_{RED}(D)^{\uparrow}$

Then

$RED^{\uparrow}=RED\cup C_i$

End if

End

For ($a'\in RED^{\uparrow}$)

if ($POS_{RED\text{-}\{a'\}}(D)^{\uparrow}=POS_{RED}(D)^{\uparrow}$) then

$RED^{\uparrow}=RED^{\uparrow}\text{-}\{a'\}$

End if

End

Setp7：输出最小属性约简 $RED^{\uparrow}$

3.2.2 算　例

决策表如表 3-12：论域 $U=\{x_1,x_2,x_3,x_4\}$，条件属性 $C=\{c_1,c_2,c_3,c_4\}$，决策属性 $D=\{d\}$．决策表的属性约简为 $\{c_1,c_2\}$，如果新增对象 x 为 $\{1,0,1,0,1\}$，求增加对象后的属性约简．

表 3-12　决策信息系统

U	c_1	c_2	c_3	c_4	d
x_1	1	0	1	0	0
x_2	1	0	1	0	1
x_3	1	1	0	0	0
x_4	0	1	0	0	1

（1）计算等价关系矩阵 $\boldsymbol{M}_{(n+1)\times(n+1)}^{R_C}$ 和 $\boldsymbol{M}_{(n+1)\times(n+1)}^{R_{RED}}$：

$$\boldsymbol{M}_{(n+1)\times(n+1)}^{R_C}=\begin{bmatrix}\boldsymbol{M}_{n\times n}^{R_C} & (\boldsymbol{Q}_{1\times n}^{R_C})^{\mathrm{T}}\\ \boldsymbol{Q}_{1\times n}^{R_C} & \boldsymbol{Z}_{1\times 1}^{R_C}\end{bmatrix}=\begin{bmatrix}1&1&0&0&\mathbf{1}\\1&1&0&0&\mathbf{1}\\0&0&1&0&\mathbf{0}\\0&0&0&1&\mathbf{0}\\\mathbf{1}&\mathbf{1}&\mathbf{0}&\mathbf{0}&\mathbf{1}\end{bmatrix},$$

$$\boldsymbol{M}_{(n+1)\times(n+1)}^{R_{RED}}=\begin{bmatrix}\boldsymbol{M}_{n\times n}^{R_{RED}} & (\boldsymbol{Q}_{1\times n}^{R_{RED}})^{\mathrm{T}}\\ \boldsymbol{Q}_{1\times n}^{R_{RED}} & \boldsymbol{Z}_{1\times 1}^{R_{RED}}\end{bmatrix}=\begin{bmatrix}1&1&0&0&\mathbf{1}\\1&1&0&0&\mathbf{1}\\0&0&1&0&\mathbf{0}\\0&0&0&1&\mathbf{0}\\\mathbf{1}&\mathbf{1}&\mathbf{0}&\mathbf{0}&\mathbf{1}\end{bmatrix}.$$

（2）由定理 3.17 计算诱导矩阵 $\boldsymbol{\Lambda}_{(n+1)\times(n+1)}^{R_C}{}^{\uparrow}$ 和 $\boldsymbol{\Lambda}_{(n+1)\times(n+1)}^{R_{RED}}{}^{\uparrow}$：

$$\boldsymbol{\Lambda}_{(n+1)\times(n+1)}^{R_C}{}^{\uparrow}=\mathrm{diag}(1/2,1/2,1/1,1/1,1/1),$$

$$\boldsymbol{\Lambda}_{(n+1)\times(n+1)}^{R_{RED}}{}^{\uparrow}=\mathrm{diag}(1/3,1/3,1/1,1/1,1/3).$$

由定理 3.16 计算决策表矩阵 $\boldsymbol{M}_{(n+1)\times m}^{D}$：

$$\boldsymbol{M}_{(n+1)\times m}^{D}=\begin{bmatrix}1&0\\0&1\\1&0\\0&1\\\mathbf{0}&\mathbf{1}\end{bmatrix}.$$

根据 $POS_C(D)^{\uparrow}=(\boldsymbol{\Lambda}_{(n+1)\times(n+1)}^{R_C}{}^{\uparrow}\cdot(\boldsymbol{M}_{(n+1)\times(n+1)}^{R_C}{}^{\uparrow}\cdot\boldsymbol{M}_{(n+1)\times m}^{D}))_1$，计算增加对象后的条件属性 C 和约简 RED 正域为:

$$POS_C(D)^{\uparrow}=\{x_3,x_4,x_5\}.$$

根据 $POS_{RED}(D)^{\uparrow}=(\boldsymbol{\Lambda}_{(n+1)\times(n+1)}^{R_{RED}}{}^{\uparrow}\cdot(\boldsymbol{M}_{(n+1)\times(n+1)}^{R_{RED}}{}^{\uparrow}\cdot\boldsymbol{M}_{(n+1)\times m}^{D}))_1$，计算 D 关于 RED 的正域为:

$$POS_{RED}(D)^{\uparrow}=\{x_3,x_4\}.$$

故

$$POS_C(D)^{\uparrow}\neq POS_{RED}(D)^{\uparrow}.$$

（3）计算增加属性后的依赖度，因为 $\gamma_{C_4}(D)>\gamma_{C_3}(D)$，所以增加属性 c_4 到 RED 中，由等价关系矩阵 $\boldsymbol{M}_{(n+1)\times(n+1)}^{R_{RED}}$ 和 $\boldsymbol{M}_{(n+1)\times(n+1)}^{R_{C_4}}$ 增量求等价关系矩阵 $\boldsymbol{M}_{(n+1)\times(n+1)}^{R_{RED\cup\{c_4\}}}$：

$$\boldsymbol{M}_{(n+1)\times(n+1)}^{R_{RED\cup\{c_4\}}}=\begin{bmatrix}1&1&0&0&0\\1&1&0&0&0\\0&0&1&0&0\\0&0&0&1&0\\0&0&0&0&1\end{bmatrix}.$$

根据定理 3.17 计算变化后的诱导矩阵 $\boldsymbol{\Lambda}_{(n+1)\times(n+1)}^{R_{RED\cup\{c_4\}}}$：

$$\boldsymbol{\Lambda}_{(n+1)\times(n+1)}^{R_{RED\cup\{c_4\}}}=\mathrm{diag}(1/2,1/2,1/1,1/1,1/1).$$

根据 $POS_{RED}(D)^{\uparrow}=(\boldsymbol{\Lambda}_{(n+1)\times(n+1)}^{R_{RED\cup\{c_4\}}}{}^{\uparrow}\cdot(\boldsymbol{M}_{(n+1)\times(n+1)}^{R_{RED\cup\{c_4\}}}{}^{\uparrow}\cdot\boldsymbol{M}_{(n+1)\times m}^{D}))_1$，计算变化后的正域

$$POS_{RED}(D)^{\uparrow}=\{x_3, x_4, x_5\}.$$

故
$$POS_C(D)^{\uparrow} = POS_{RED}(D)^{\uparrow}.$$

所以，表 3.12 的属性约简为 $\{c_1, c_2, c_4\}$.

3.2.3　实验测试与分析

为了验证增量式约简的矩阵算法比非增量式约简的矩阵算法有效，我们从 UCI 数据集上下载了两个数据集分别为 Wine，Balance，数据集具体描述见表 3-13，分别用基于正域的动态和非动态属性约简算法对两个数据集进行了测试，并对所消耗的时间进行比较，实验测试的软硬件环境为：CPU Intel Core™ 双核 2GHz，内存 1.0GB；Windows7.0 操作系统，C++开发平台.

表 3-13　数据集描述

序号	数据集	属性个数	对象个数
1	Wine	13	178
2	Balance	5	625

在测试实验中，我们把每个数据集均匀划分为 5 个大小递增的数据子集，其作用就是要在同一数据集中随着对象个数的增加，比较两类矩阵算法所消耗的时间，实验测试结果如图 3-5 所示，其中横轴表示数据子集的对象数占总对象数的百分比，纵轴表示计算约简所消耗的时间.

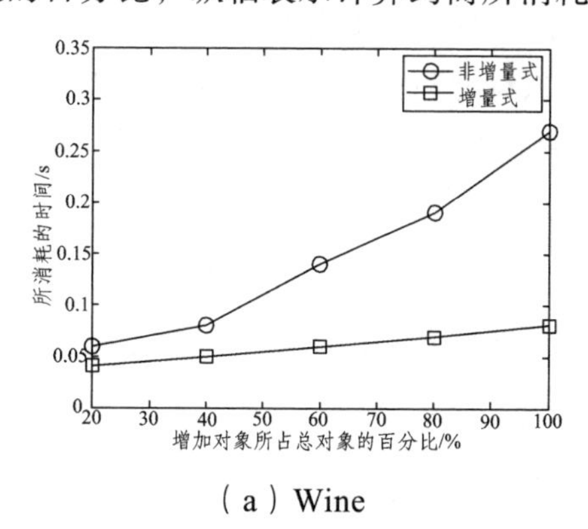

（a）Wine

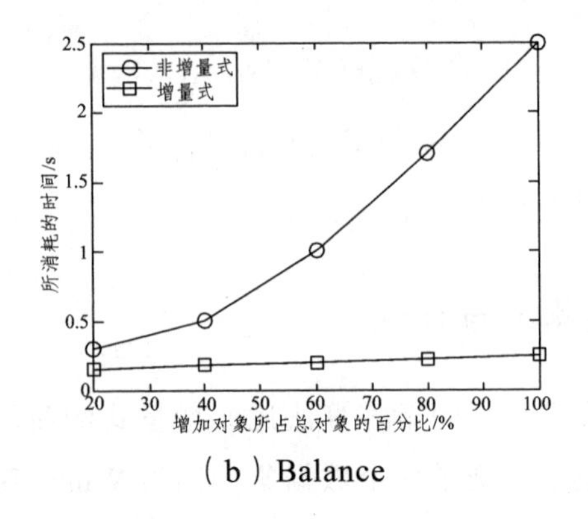

(b) Balance

图 3-5　插入多对象时近似集增量式更新和非增量式更新的时间消耗比较

把两个数据集分别用基于正域的动态和非动态属性约简方法做测试，测试结果如图 3-5 所示，得出结论如下：

（1）动态属性约简算法较非动态属性约简算法效率高，主要表现在动态属性约简算法所消耗的时间小于非动态属性约简算法所消耗的时间.

（2）针对同一数据集，随着数据对象的增加，动态和非动态属性约简算法所消耗的时间均呈增长趋势，只是动态属性约简算法所消耗的时间增加较平缓.

3.3　小　结

本章针对决策信息系统中对象动态变化情况下如何有效更新属性约简问题，探讨了计算知识粒度和正域的增量更新原理，提出了对象变化后的动态属性约简算法. 最后从机器学习数据集 UCI 中下载了一组数据集对本章所提出的动态属性约简算法的有效性进行了验证，实验结果表明：随着决策信息系统中对象规模的不断增大，所提出的动态属性约简算法具有较强的计算性能优势，能够有效解决海量动态数据属性约简的问题.

第4章　属性增加时动态属性约简算法研究

随着计算机网络、存储和通信等技术的迅猛发展，决策信息系统属性随着时间变化而呈现动态增长的趋势，例如，在分布式系统中，来自不同地方的数据集聚集到一起可能会导致决策信息系统属性的增加. 如何利用粗糙集和粒计算理论研究决策信息系统属性动态增加的知识获取和数据挖掘已经成为研究者普遍关注的热点. 另外，代数中矩阵计算是一种非常有效的计算工具，已经被广泛应用到系统工程和数值分析等诸多学科领域中. 针对决策信息系统属性集动态增加时如何有效更新约简的问题，本章主要分析了属性增加时基于矩阵方法计算知识粒度的增量更新原理和机制，设计了属性增加时基于矩阵方法的动态属性约简算法，但该算法仅仅在小数据集中有效. 鉴于此，进一步分析了基于非矩阵方法的计算知识粒度的增量更新机制，设计了属性增加时基于非矩阵方法的动态属性约简算法. 最后利用 UCI 数据集对所提出的基于矩阵、非矩阵方法的动态属性约简算法进行了对比分析实验，实验结果验证了所提出的动态属性约简算法在处理动态变化数据集属性约简中具有很大的优势[159].

4.1　属性增加时基于知识粒度的动态属性约简算法

4.1.1　属性增加时基于知识粒度和矩阵方法的动态属性约简原理与算法

本节介绍决策信息系统属性增加后基于矩阵方法的动态属性约简更新原理和算法.

4.1.1.1 属性增加时基于知识粒度和矩阵方法的动态属性约简原理

当在决策信息系统中添加属性集 P 时，可能引起决策信息系统的等价类被细化，从而导致决策信息系统的知识粒度变小，换句话说，原来等价关系矩阵的元素 m_{ij} 可能从 1 变为 0. 定义 4.1 和 4.2 分别介绍了属性增加时基于矩阵方法的计算决策信息系统知识粒度的增量机制.

定义 4.1 已知决策信息系统 $S=(U,A=C\cup D,V,f)$， $\boldsymbol{M}_U^{R_C}=(m_{ij})_{n\times n}$. 假设 P 是增量属性集，R_P 是论域 U 上的一个等价关系，$\boldsymbol{M}_U^{R_P}=(m'_{ij})_{n\times n}$. 增加属性后的增量等价关系矩阵 $\Delta\boldsymbol{Q}_U^{R_{C\cup P}}=(q_{ij})_{n\times n}$ 的元素定义为：

$$q_{ij}=\begin{cases}1, m_{ij}=1\wedge m'_{ij}=0,\\0,\text{else},\end{cases}\quad 1\leqslant i\leqslant n, 1\leqslant j\leqslant n. \tag{4-1}$$

下面通过一个例子来说明定义 4.1 中计算增量等价关系矩阵的过程.

例 4.1（续例 2.1）假设 $P=\{g,h\}$ 是增量属性集，见表 4-1.

表 4-1 增量属性集

g	0	1	0	0	0	0	1	0	0
h	1	0	1	0	0	1	0	1	1

根据定义 2.14 可得：

$$(\boldsymbol{M}_U^{R_C})_{9\times 9}=\begin{bmatrix}1&0&0&0&0&0&0&0&0\\0&1&0&1&0&0&0&0&0\\0&0&1&0&1&0&0&0&0\\0&1&0&1&0&0&0&0&0\\0&0&1&0&1&0&0&0&0\\0&0&0&0&0&1&1&0&0\\0&0&0&0&0&1&1&0&0\\0&0&0&0&0&0&0&1&1\\0&0&0&0&0&0&0&1&1\end{bmatrix},$$

$$(\boldsymbol{M}_U^{R_P})_{9\times9}=\begin{bmatrix}1&0&1&0&0&1&0&1&1\\0&1&0&0&0&0&1&0&0\\1&0&1&0&0&1&0&1&1\\0&0&0&1&1&0&0&0&0\\0&0&0&1&1&0&0&0&0\\1&0&1&0&0&1&0&1&1\\0&1&0&0&0&0&1&0&0\\1&0&1&0&0&1&0&1&1\\1&0&1&0&0&1&0&1&1\end{bmatrix}.$$

根据定义 4.1，增量等价关系矩阵为：

$$(\Delta\boldsymbol{Q}_U^{R_{C\cup P}})_{9\times9}=\begin{bmatrix}0&0&0&0&0&0&0&0&0\\0&0&0&1&0&0&0&0&0\\0&0&0&0&1&0&0&0&0\\0&1&0&0&0&0&0&0&0\\0&0&1&0&0&0&0&0&0\\0&0&0&0&0&0&1&0&0\\0&0&0&0&0&1&0&0&0\\0&0&0&0&0&0&0&0&0\\0&0&0&0&0&0&0&0&0\end{bmatrix}.$$

定义 4.2　已知决策信息系统 $S=(U,A=C\cup D,V,f)$， $\boldsymbol{M}_U^{R_{C\cup D}}=(m_{ij})_{n\times n}$. 假设 P 是增量属性集，R_P 是论域 U 上的一个等价关系， $\boldsymbol{M}_U^{R_P}=(m'_{ij})_{n\times n}$，则增加属性后的增量等价关系矩阵 $\Delta\boldsymbol{H}_U^{R_{C\cup P\cup D}}=(h_{ij})_{n\times n}$ 的元素定义为：

$$h_{ij}=\begin{cases}1, m_{ij}=1\wedge m'_{ij}=0,\\0,\text{else},\end{cases}\quad 1\leqslant i\leqslant n,1\leqslant j\leqslant n. \tag{4-2}$$

定理 4.1　已知决策信息系统 $S=(U,A=C\cup D,V,f)$ 是一个决策信息系统，假设决策信息系统条件属性的知识粒度是 $GP_U(C)$. P 是增量属性集， $\Delta\boldsymbol{Q}_U^{R_{C\cup P}}$ 是增量等价关系矩阵. 增加属性集后决策信息系统的知识粒度为：

$$GP_U(C\cup P)=GP_U(C)-\frac{1}{|U|^2}(Sum(\Delta\boldsymbol{Q}_U^{R_{C\cup P}})). \tag{4-3}$$

证明 由定义易得定理成立.

定理 4.2 已知决策信息系统 $S=(U,A=C\cup D,V,f)$，假设决策信息系统条件属性和决策属性的知识粒度为 $GP_U(C\cup P)$. P 是增量属性集，$\Delta\boldsymbol{H}_U^{R_{C\cup P\cup D}}$ 是增量等价关系矩阵. 决策信息系统添加属性集 P 后条件属性和决策属性的知识粒度为：

$$GP_U(C\cup P\cup D)=GP_U(C\cup P)-\frac{1}{|U|^2}(Sum(\Delta\boldsymbol{H}_U^{R_{C\cup P\cup D}})). \quad (4\text{-}4)$$

证明 由定义易得定理成立.

定理 4.3 已知决策信息系统 $S=(U,A=C\cup D,V,f)$，$\boldsymbol{M}_U^{R_C}$ 和 $\boldsymbol{M}_U^{R_{C\cup D}}$ 是决策信息系统的等价关系矩阵，假设决策信息系统决策属性 D 关于条件属性 C 的知识粒度是 $GP_U(D|C)$. P 是增量属性集，$\Delta\boldsymbol{Q}_U^{R_{C\cup P}}$ 和 $\Delta\boldsymbol{H}_U^{R_{C\cup P\cup D}}$ 是增量等价关系矩阵. 决策信息系统增加属性后决策属性 D 关于条件属性 $C\cup P$ 的相对知识粒度为：

$$GP_U(D|C\cup P)=GP_U(D|C)-\frac{1}{|U|^2}(Sum(\Delta\boldsymbol{Q}_U^{R_{C\cup P}})-Sum(\Delta\boldsymbol{H}_U^{R_{C\cup P\cup D}})). \quad (4\text{-}5)$$

证明 由定义 2.16 可得：

$$\begin{aligned}GP_U(D|C\cup P)&=GP_U(C\cup P)-GP_U(C\cup P\cup D)\\&=GP_U(C)-\frac{1}{|U|^2}Sum(\Delta\boldsymbol{Q}_U^{R_{C\cup P}})-(GP_U(C\cup P)-\frac{1}{|U|^2}(Sum(\Delta\boldsymbol{H}_U^{R_{C\cup P\cup D}}))\\&=GP_U(C)-GP_U(C\cup P)-\frac{1}{|U|^2}(Sum(\Delta\boldsymbol{Q}_U^{R_{C\cup P}})-(Sum(\Delta\boldsymbol{H}_U^{R_{C\cup P\cup D}})).\end{aligned}$$

因为：

$$GP_U(D|C)=GP_U(C)-GP_U(C\cup P),$$

所以：

$$GP_U(D|C\cup P)=GP_U(D|C)-\frac{1}{|U|^2}(Sum(\Delta\boldsymbol{Q}_U^{R_{C\cup P}})-Sum(\Delta\boldsymbol{H}_U^{R_{C\cup P\cup D}})).$$

例 4.2（续例 4.1）　根据定义 4.2 可得：

$$(\boldsymbol{M}_U^{R_{C\cup D}})_{9\times 9}=\begin{bmatrix}1&0&0&0&0&0&0&0&0\\0&1&0&1&0&0&0&0&0\\0&0&1&0&1&0&0&0&0\\0&1&0&1&0&0&0&0&0\\0&0&1&0&1&0&0&0&0\\0&0&0&0&0&1&1&0&0\\0&0&0&0&0&1&1&0&0\\0&0&0&0&0&0&0&1&0\\0&0&0&0&0&0&0&0&1\end{bmatrix},$$

$$(\boldsymbol{M}_U^{R_{C\cup P\cup D}})_{9\times 9}=\begin{bmatrix}0&0&0&0&0&0&0&0&0\\0&0&0&1&0&0&0&0&0\\0&0&0&0&1&0&0&0&0\\0&1&0&0&0&0&0&0&0\\0&0&1&0&0&0&0&0&0\\0&0&0&0&0&0&1&0&0\\0&0&0&0&0&1&0&0&0\\0&0&0&0&0&0&0&0&0\\0&0&0&0&0&0&0&0&0\end{bmatrix}.$$

因为 $GP_U(D\,|\,C)=\dfrac{2}{81}$，故：

$$GP_U(D\,|\,C\cup P)=GP_U(D\,|\,C)-\frac{1}{|U|^2}(Sum(\Delta\boldsymbol{Q}_U^{R_{C\cup P}})-Sum(\Delta\boldsymbol{H}_U^{R_{C\cup P\cup D}}))=\frac{2}{81}-0=\frac{2}{81}.$$

4.1.1.2　属性增加时基于知识粒度和矩阵方法的动态属性约简算法

当在决策信息系统中添加属性时，非动态属性约简算法需要重新计算变化后决策信息系统的知识粒度和属性约简，导致计算时间耗费巨大．为了提高效率，我们设计了基于矩阵方法的动态属性约简算法．该方法在原来决策信息系统知识粒度和属性约简的基础上，能够快速获得决策信息系统变化后的属性约简．基于知识粒度和矩阵方法的动态属性约简算法如算法 4.1 所述，基于知识粒度和矩阵方法的动态属性约简算法框架图如图 4-1 所示．

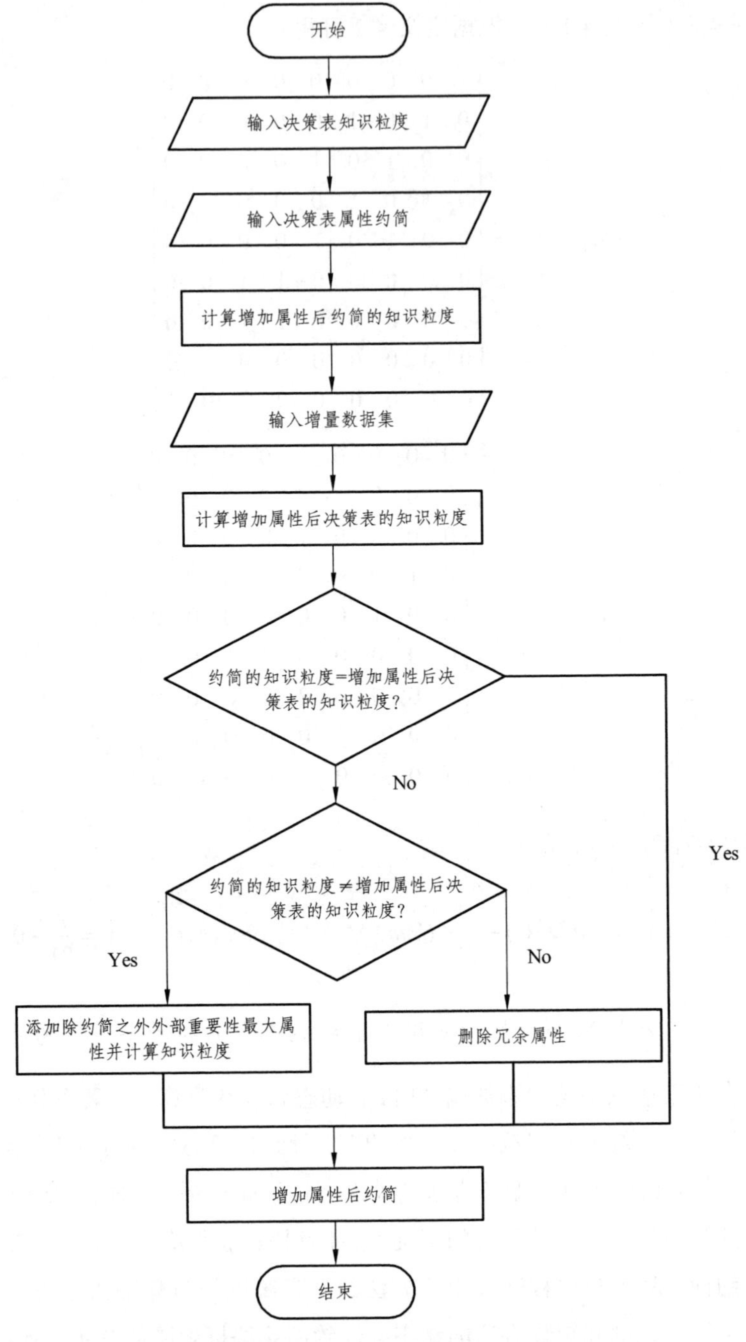

图 4-1　增加属性后的动态属性约简算法框架图

Algorithm 1: A Matrix-based Incremental Reduction Algorithm with the variation of attribute set under knowledge granularity (MIRA)

```
   Input: A decision table S = (U, C ∪ D, V, f), the reduction RED_C, and the new attribute incremental set P.
   Output: A new reduction RED_{C∪P}.
1  begin
2      B ← RED_C, Compute relation matrices M_U^{R_P}, ΔM_U^{R_C}, and ΔM_U^{R_{C∪D}};
3      Compute new knowledge granularity GP_U(D|C ∪ P);
4      if GP_U(D|B) = GP_U(D|C ∪ P) then
5          go to 21;
6      else
7          go to 9;
8      end
9      while GP_U(D|B) ≠ GP_U(D|C ∪ P) do
10         for a_i ∈ ((C − B) ∪ P) do
11             calculate outer signicance Sig_{C∪P}^{outer}(a_i, B, D)
12             a_0 = max{Sig_{C∪P}^{outer}(a_i, B, D), a_i ∈ ((C − B) ∪ P)};
13             B ← B ∪ {a_0};
14         end
15     end
16     for each a ∈ B do
17         if GP_U(D|B − {a}) = GP_U(D|C ∪ P) then
18             B ← B − {a};
19         end
20     end
21     RED_{C∪P} ← B;
22     return reduct RED_{C∪P};
23 end
```

4.1.2 属性增加时基于知识粒度和非矩阵方法的动态属性约简原理与算法

当决策信息系统属性增加时，基于矩阵方法的动态属性约简算法对于较小数据集是有效的，但该算法在处理较大数据集时需要占用大量计算机内存空间且运行速度较慢. 为了提高该算法的运行速度，本节提出了在属性增加情况下基于非矩阵方法的动态属性约简的增量机制和算法.

4.1.2.1 属性增加时基于知识粒度和非矩阵方法的动态属性约简原理

为了理解下面计算知识粒度的增量机制，我们给出一个例子解释当属性增加时基于非矩阵方法的计算决策信息系统知识粒度的增量更新原理. $S=(U,A=C\cup D,V,f)$ 是一个决策信息系统，$U/C=\{X_1,X_2,\cdots,X_m\}$. 假设 P 是增量属性集，根据上面的等价类，可得：

$$U/C\cup P=\{X_1,X_2,\cdots,X_k,X_1^{k+1},X_2^{k+1},\cdots,X_{l_{k+1}}^{k+1},X_1^{k+2},X_2^{k+2},\cdots,X_{l_{k+2}}^{k+2},X_1^m,X_2^m,\cdots,X_{l_m}^m\}.$$

在 $U/C\cup P$ 的等价类中，$X_i(i=1,2,\cdots,k)$ 表示在增加属性集 P 后 X_i 的等价

类没有发生变化， $X_i=\bigcup_{j=1}^{l_l}X_j^i(i=k+1,k+2,\cdots,m)$ 表示在增加属性集 P 后 X_i 的等价类在原来基础上发生了细化.

例 4.3 假设 $S=(U,A=C\cup D,V,f)$ 是一个决策信息系统，如表 2-1，增加属性集 P 后如表 4-1 所示.

根据定义 2.2 可得：$U/C=\{\{1\},\{2,4\},\{3,5\},\{6,7\},\{8,9\}\}$；当属性集 P 增加到属性集 C 后，可得：$U/C\cup P=\{\{1\},\{2\},\{4\},\{3\},\{5\},\{6\},\{7\},\{8,9\}\}$. 从 $U/C\cup P$ 和 U/C 可以得出：当属性增加时，U/C 中的等价类 $\{1\}$ 和 $\{8,9\}$ 没有变化，而等价类 $\{x_2,x_4\}$ 、$\{x_3,x_5\}$ 和 $\{x_6,x_7\}$ 发生了变化，则增加属性集 P 后的等价类表示如下：

$X_1=\{1\}$， $X_2=\{8,9\}$， $k=2$；

$X_3=\bigcup_{j=1}^{l_l}X_j^i=\{2\}\cup\{4\}$，故：$X_1^3=\{2\}$， $X_2^3=\{4\}$， $l_3=2$；

$X_4=\bigcup_{j=1}^{l_l}X_j^i=\{3\}\cup\{5\}$，故：$X_1^4=\{3\}$， $X_2^4=\{5\}$， $l_4=2$；

$X_5=\bigcup_{j=1}^{l_l}X_j^i=\{6\}\cup\{7\}$，故：$X_1^5=\{6\}$， $X_2^5=\{7\}$， $l_5=2$.

定理 4.4 $S=(U,A=C\cup D,V,f)$ 是一个决策信息系统，$U/C=\{X_1,X_2,\cdots,X_m\}$. $GP_U(C)$ 是决策信息系统 S 条件属性的知识粒度. 假设 P 是增量属性集，得到新的等价类：

$$U/C\cup P=\{X_1,X_2,\cdots,X_k,X_1^{k+1},X_2^{k+1},\cdots,X_{l_{k+1}}^{k+1},X_1^{k+2},X_2^{k+2},\cdots,X_{l_{k+2}}^{k+2},X_1^m,X_2^m,\cdots,X_{l_m}^m\}.$$

增加属性后决策信息系统条件属性的知识粒度为：

$$GP_U(C\cup P)=GP_U(C)-\frac{2}{|U|^2}\left(\sum_{e=k+1}^{m}\sum_{i=1}^{l_e}\sum_{j=i+1}^{l_e}|X_i^e||X_j^e|\right). \tag{4-6}$$

证明 由定义 2.6 可得：

$$GP_U(C\cup P)=\sum_{i=1}^{k}\frac{|X_i|^2}{|U|^2}+\sum_{i=k+1}^{m}\frac{|X_i|^2}{|U|^2}.$$

因为 $X_i=\bigcup_{j=1}^{l_i}X_j^i\,(i=k+1,k+2,\cdots,m)$，则：

$$
\begin{aligned}
GP_U(C)&=\sum_{i=1}^{k}\frac{|X_i|^2}{|U|^2}+\sum_{i=k+1}^{m}\frac{|X_i|^2}{|U|^2}\\
&=\frac{1}{|U|^2}\left(\sum_{i=1}^{k}|X_i|^2+\sum_{e=k+1}^{m}\left(\sum_{i=1}^{l_e}|X_i^e|\right)^2\right)\\
&=\frac{1}{|U|^2}\left(\sum_{i=1}^{k}|X_i|^2+\sum_{e=k+1}^{m}\sum_{i=1}^{l_e}|X_i^e|^2+2\sum_{e=k+1}^{m}\sum_{i=1}^{l_e}\sum_{j=i+1}^{l_e}|X_i^e||X_j^e|\right).
\end{aligned}
$$

因为：

$$GP_U(C\cup P)=\frac{1}{|U|^2}\left(\sum_{i=1}^{k}|X_i|^2+\sum_{e=k+1}^{m}\sum_{i=1}^{l_e}|X_i^e|^2\right),$$

$$GP_U(C)=GP_U(C\cup P)+\frac{2}{|U|^2}\left(\sum_{e=k+1}^{m}\sum_{i=1}^{l_e}\sum_{j=i+1}^{l_e}|X_i^e||X_j^e|\right),$$

则：

$$GP_U(C\cup P)=GP_U(C)-\frac{2}{|U|^2}\left(\sum_{e=k+1}^{m}\sum_{i=1}^{l_e}\sum_{j=i+1}^{l_e}|X_i^e||X_j^e|\right).$$

例 4.4（续例 4.3）　根据定义 2.6 和算法 4.4 可得：

$$GP_U(C)=\frac{25}{81},$$

$$\frac{2}{|U|^2}\left(\sum_{e=k+1}^{m}\sum_{i=1}^{l_e}\sum_{j=i+1}^{l_e}|X_i^e||X_j^e|\right)=\frac{2+2+2}{81}=\frac{6}{81}.$$

则：

$$GP_U(C\cup P)=GP_U(C)-\frac{2}{|U|^2}\left(\sum_{e=k+1}^{m}\sum_{i=1}^{l_e}\sum_{j=i+1}^{l_e}|X_i^e||X_j^e|\right)=\frac{25}{81}-\frac{6}{81}=\frac{19}{81}.$$

定理 4.5　已知决策信息系统 $S=(U,A=C\cup D,V,f)$，$U/C\cup D=\{Y_1,Y_2,\cdots,Y_n\}$. $GP_U(C\cup P)$ 是决策信息系统 S 条件属性的知识粒度. 假设 P

是增量属性集，得到新的等价类：

$$U/C\cup P\cup D=\{Y_1,Y_2,\cdots,Y_k,Y_1^{k+1},\ Y_2^{k+1},\cdots,Y_{l_{k+1}}^{k+1},Y_1^{k+2},Y_2^{k+2},\cdots,Y_{l_{k+2}}^{k+2},Y_1^n,Y_2^n,\cdots,Y_{l_n}^n\}.$$

增加属性后决策信息系统条件属性和决策属性的知识粒度为：

$$GP_U(C\cup P\cup D)=GP_U(C\cup D)-\frac{2}{|U|^2}\left(\sum_{e=k+1}^{n}\sum_{i=1}^{l_e}\sum_{j=i+1}^{l_e}|Y_i^e||Y_j^e|\right).\qquad(4\text{-}7)$$

证明 定理 4.5 的证明过程与定理 4.4 的证明过程相似，略.

定理 4.6 已知决策信息系统 $S=(U,A=C\cup D,V,f)$，$U/C=\{X_1,X_2,\cdots,X_m\}$，$U/C\cup D=\{Y_1,Y_2,\cdots,Y_n\}$. $GP_U(D|C)$ 是决策信息系统决策属性关于条件属性的相对知识粒度. 假设 P 是增加到决策信息系统的属性集，$U/C\cup P$ 和 $U/C\cup P\cup D$ 为新的等价类. 决策信息系统增加属性后决策属性 D 关于条件属性 $C\cup P$ 的相对知识粒度为：

$$GP_U(D|C\cup P)=GP_U(D|C)-\frac{2}{|U|^2}\left(\sum_{e=k+1}^{m}\sum_{i=1}^{l_e}\sum_{j=i+1}^{l_e}|X_i^e||X_j^e|-\sum_{e=k+1}^{n}\sum_{i=1}^{l_e}\sum_{j=i+1}^{l_e}|Y_i^e||Y_j^e|\right).\qquad(4\text{-}8)$$

证明 由定义 2.7 可得：

$$GP_U(D|C\cup P)=GP_U(C\cup P)-GP_U(C\cup P\cup D).$$

因为：

$$GP_U(C\cup P)=GP_U(C)-\frac{2}{|U|^2}\left(\sum_{e=k+1}^{m}\sum_{i=1}^{l_e}\sum_{j=i+1}^{l_e}|X_i^e||X_j^e|\right),$$

$$GP_U(C\cup P\cup D)=GP_U(C\cup D)-\frac{2}{|U|^2}\left(\sum_{e=k+1}^{n}\sum_{i=1}^{l_e}\sum_{j=i+1}^{l_e}|Y_i^e||Y_j^e|\right),$$

所以：

$$GP_U(D\mid C\cup P)=GP_U(C)-\frac{2}{|U|^2}\left(\sum_{e=k+1}^{m}\sum_{i=1}^{l_e}\sum_{j=i+1}^{l_e}\left|X_i^e\right|\left|X_j^e\right|\right)-$$

$$\left(GP_U(C\cup D)-\frac{2}{|U|^2}\left(\sum_{e=k+1}^{n}\sum_{i=1}^{l_e}\sum_{j=i+1}^{l_e}\left|Y_i^e\right|\left|Y_j^e\right|\right)\right),$$

$$GP_U(D\mid C\cup P)=GP_U(C)-GP_U(C\cup D)-\frac{2}{|U|^2}\left(\sum_{e=k+1}^{m}\sum_{i=1}^{l_e}\sum_{j=i+1}^{l_e}\left|X_i^e\right|\left|X_j^e\right|\right.$$

$$\left.-\sum_{e=k+1}^{n}\sum_{i=1}^{l_e}\sum_{j=i+1}^{l_e}\left|Y_i^e\right|\left|Y_j^e\right|\right).$$

因为：

$$GP_U(D\mid C)=GP_U(C)-GP_U(C\cup D),$$

所以定理 4.6 得证.

4.1.2.2　属性增加时基于知识粒度和非矩阵方法的动态属性约简算法

当决策信息系统属性增加时，根据 4.1.2.1 基于非矩阵方法的计算知识粒度的增量更新机制，设计了基于知识粒度和非矩阵方法的动态属性约简算法，算法的具体步骤如算法 4.2 所述.

Algorithm 4.2: An Incremental Algorithm for Reduct Computation based on knowledge granularity (IARC)

Input: A decision table $S=(U,C\cup D,V,f)$, the reduction RED_C on C and the new attribute incremental set P.
Output: A new reduction $RED_{C\cup P}$.

```
1  begin
2      B ← RED_C, Calculate new partitions U/IND(C ∪ P) and U/IND(C ∪ P ∪ D);
3      . Calculate new knowledge granularity GP_U(D|C ∪ P);
4      if GP_U(D|B) = GP_U(D|C ∪ P) then
5          go to 9;
6      else
7          go to 21;
8      end
9      while GP_U(D|B) ≠ GP_U(D|C ∪ P) do
10         for each a_i ∈ ((C − B) ∪ P) do
11             Calculate Sig^outer_{C∪P}(a_i, B, D);
12             a_0 = max{Sig^outer_{C∪P}(a_i, B, D), a_i ∈ ((C − B) ∪ P) };
13             B ← B ∪ {a_0};
14         end
15     end
16     for each a ∈ B do
17         if GP_U(D|B − {a}) = GP_U(D|C ∪ P) then
18             B ← B − {a};
19         end
20     end
21     RED_{C∪P} ← B;
22     return reduct RED_{C∪P};
23 end
```

4.1.3 算法复杂度分析

算法 4.1（MIRA）和算法 4.2（IARC）的时间复杂度的分析过程如下：

（1）算法 MIRA 的时间复杂度的计算过程：当我们在决策信息系统中添加多个属性时，通过基于矩阵方法的增量机制计算决策信息系统变化后知识粒度的时间复杂度为 $O((|C|+|P|)|U|+|P||U|)$，计算增加属性后决策信息系统属性约简的时间复杂度为 $O((|C|+|P|)^2|U|+|P||U|)$，计算删除决策信息系统属性约简中冗余属性的时间复杂度为 $O((|C|+|P|)^2|U|+|P||U|)$. 故基于矩阵方法的动态属性约简算法 4.1（MIRA）的总的时间复杂度为 $O((|C|+|P|)^2|U|+|P||U|)$.

（2）算法 IARC 的时间复杂度的计算过程：当我们在决策信息系统中添加多个属性时，通过基于非矩阵方法的增量机制计算决策信息系统变化后知识粒度的时间复杂度为 $O((|C|+|P|)|U|+|P||w|)$（其中 w 表示发生变化属性的数目），计算增加属性后决策信息系统属性约简的时间复杂度为 $O((|C|+|P|)^2|U|+|P||w|)$，计算删除决策信息系统属性约简中冗余属性的时间复杂度为 $O((|C|+|P|)^2|U|+|P||w|)$. 故基于非矩阵方法的动态属性约简算法 4.2（IARC）的总的时间复杂度为 $O((|C|+|P|)^2|U|+|P||w|)$.

算法 CAR、算法 IARC 和算法 MIRA 的时间复杂度的比较如表 4-2 所示.

表 4-2 算法 CAR、MIRA 和 IARC 的时间复杂度比较

属性约简方法	时间复杂度
算法 CAR	$O((|C|+|P|)^2|U|+(|C|+|P|)|U|)$
算法 MIRA	$O((|C|+|P|)^2|U|+|P||U|)$
算法 IARC	$O((|C|+|P|)^2|U|+|P||w|)$

从表 4-2 可以明显看到，非动态属性约简算法 CAR 的时间复杂度远远大于基于矩阵方法的动态属性约简算法 MIRA 的时间复杂度，基于矩阵方法的动态属性约简算法 MIRA 的时间复杂度大于基于非矩阵方法的动态属

性约简算法 IARC 的时间复杂度，从而说明所提出的基于非矩阵方法的动态属性约简算法优于基于矩阵方法的动态属性约简算法.

4.1.4 实验方案与性能分析

4.1.4.1 实验方案

我们从 UCI 机器学习公用数据集上下载了 6 组数据集进行实验，下载的 6 组数据集的具体描述如表 4-3 所示. 仿真实验所用的计算机软件和硬件配置环境如表 4-4 所示. 另外，本章所提出的基于矩阵、非矩阵方法的动态属性约简算法主要以完备决策信息系统为研究对象. 因此，对于不完备决策信息系统中具有缺失的数据，在实验过程中进行简单删除即可. 在实验过程中，由于计算机运行时间不稳定，为了使运行时间更具有代表性，我们把多次运行的时间取平均值作为属性约简的时间，本章取 10 次运行时间的平均值作为实验最终结果值.

表 4-3　数据集的具体描述

序号	数据集	对象数	属性数	决策类数
1	Lung Cancer	32	56	3
2	Dermatology	366	34	6
3	Backup-large	307	35	19
4	Kr-vs-kp	3196	36	2
5	Ticdata2000	5822	85	2
6	Mushroom	5644	22	2

表 4-4　计算机软件和硬件配置环境

序号	名称	型号	配置参数
1	System	Windows 7	32bit
2	Memory	Samsung DDR3 SDRAM	4.0 GB
3	CPU	Pentium（R）Dual-Core E5800	3.20 GHz
4	Software environment	Eclipse 3.7	32-bits（JDK 1.6）
5	Hard disk	SATA	500 GB

仿真实验方案介绍如下：

（1）针对不同数据集，对属性增加时动态属性约简算法和非动态属性约简算法的运行结果进行比较，具体实验方案如下：

在实验中，把表 4-3 数据集中的属性均匀分成两部分，其中包含 50%的条件属性和决策属性的数据集作为基本数据集，另外一部分数据集作为增量数据集. 当我们在基本数据集中添加增量数据集时，分别用动态属性约简算法和非动态属性约简算法运行每个数据集.

（2）针对同一数据集中增加不同数目的属性，对动态属性约简算法和非动态属性约简算法的运行结果进行比较，具体实验方案如下：

在实验中，首先把表 4-3 数据集中的属性均匀分成两部分，其中包含 50%的条件属性和决策属性的数据集作为基本数据集，另外一部分数据集再按照条件属性集均匀分成 5 部分依次作为增量数据集，当每个增量数据集添加到基本数据集时，分别用动态属性约简算法和非动态属性约简算法运行每个数据集.

（3）针对不同数据集，对属性增加时动态属性约简算法和非动态属性约简算法所得的属性约简的近似分类精度和近似分类质量进行比较，具体实验方案如下：

在实验中，运用粗糙集中近似分类精度和近似分类质量两个评价指标分别对动态属性约简算法和非动态属性约简算法所获得的属性约简的有效性进行分析，当所得到的属性约简的近似分类精度和近似分类质量的数值相等或相近时，说明动态属性约简算法所得到的属性约简是有效的.

（4）针对不同数据集，对属性增加时动态属性约简算法和非动态属性约简算法所得的属性约简的分类精确度结果进行比较,具体实验方案如下：

在实验中，运用十字交叉方法分别对动态属性约简算法和非动态属性约简算法所获得的属性约简的分类精确度进行分析，即把表 4-3 数据集中的对象分成 90%和 10%两部分，其中 90%的部分数据集在实验过程中作为训练集，剩余 10%的部分数据集在实验过程中作为测试集，利用贝叶斯分类方法运行每个数据集.

（5）针对不同数据集，对属性增加时所提出的基于非矩阵方法的动态属性约简算法和其他动态属性约简算法的实验结果进行比较，具体实验方案如下：

在实验中，把表 4-3 数据集中的属性集均匀分成两部分，其中包含 50% 的条件属性和决策属性的数据集作为基本数据集，另外一部分数据集作为增量数据集. 当我们在基本数据集中添加增量数据集时，分别用所提出的基于非矩阵方法的动态属性约简算法和其他动态属性约简算法运行每个数据集.

4.1.4.2　性能分析

以上各实验结果分析如下：

（1）属性增加时，动态属性约简算法的结果与非动态属性约简算法的结果比较.

当决策信息系统属性增加时，分别用基于矩阵、非矩阵方法的动态属性约简算法以及非动态属性约简算法来更新属性约简，其结果如表 4-5 和表 4-6 所示. 结果表明：基于矩阵、非矩阵方法的动态属性约简算法以及非动态约简算法所得到的属性约简数目、属性约简数值是非常相近甚至有些数据集的属性约简数值是相等的，但是基于矩阵方法的动态属性约简算法的更新时间小于非动态属性约简算法的更新时间，基于非矩阵方法的动态属性约简算法的更新时间小于基于矩阵方法的动态属性约简算法的更新时间. 结果说明：基于非矩阵方法的动态属性约简算法在实际应用中具有较好的适应性.

表 4-5　比较算法 CAR 和 MIRA 的运行结果

数据集	CAR（经典）			MIRA（增量）		
	约简数目	属性约简	时间/s	约简数目	属性约简	时间/s
Lung Cancer	8	6, 13, 3, 14, 7, 15, 20, 26	0.056	8	6, 13, 3, 14, 7, 15, 20, 26	0.026
Dermatology	7	34, 16, 4, 19, 3, 28, 21	2.723	11	16, 4, 3, 2, 17, 5, 1, 14, 12, 6, 9, 18	1.395

续表

数据集	CAR（经典）			MIRA（增量）		
	约简数目	属性约简	时间/s	约简数目	属性约简	时间/s
Backup-large	11	7, 16, 1, 22, 10, 29, 6, 8, 21, 4, 15	2.218	11	1, 3, 6, 7, 8, 9, 10, 16, 4, 5, 14	0.941
Kr-vs-kp	30	1, 3, 4, 5, 6, 7, 10, 12, 13, 15, 16, 17, 18, 20, 21, 23, 24, 25, 26, 27, 28, 30, 31, 33, 34, 35, 36, 11, 32, 22	957.4	35	1, 2, 3, 4, 5, 6, 7, 8, 9, 10, 11, 12, 13, 15, 16, 17, 18, 33, 24, 21, 36, 26, 27, 34, 30, 35, 23, 20, 31, 32, 22, 19, 25, 29, 28	840.4
Ticdata2000	72	1, 2, 44, 47, 55, 59, 68, 80, 83, 18, 31, 30, 28, 15, 38, 9, 23, 17, 37, 7, 39, 24, 36, 35, 22, 19, 14, 32, 27, 25, 10, 13, 34, 12, 26, 16, 33, 42, 8, 40, 29, 11, 6, 3, 4, 20, 21, 41, 54, 75, 49, 70, 61, 82, 64, 85, 43, 48, 69, 72, 51, 73, 52, 57, 78, 84, 63, 45, 66, 56, 77, 79	9198	47	1, 2, 31, 30, 18, 15, 28, 38, 17, 7, 23, 9, 39, 37, 59, 47, 68, 44, 65, 80, 55, 76, 54, 75, 70, 49, 64, 85, 83, 62, 61, 82, 51, 72, 84, 63, 45, 66, 52, 46, 73, 67, 57, 78, 69, 48, 79	5694
Mushroom	4	5, 20, 9, 3	1328	6	1, 2, 3, 9, 5, 20	1037

表 4-6　比较算法 CAR 和 IARC 的运行结果

数据集	CAR（经典）			IARC（增量）		
	约简数目	属性约简	时间/s	约简数目	属性约简	时间/s
Lung Cancer	8	6, 13, 3, 14, 7, 15, 20, 26	0.054	8	6, 13, 3, 14, 7, 15, 20, 26	0.001
Dermatology	7	34, 16, 4, 19, 3, 28, 21	0.374	11	16, 4, 3, 2, 17, 5, 1, 14, 12, 6, 9, 18	0.011
Backup-large	11	7, 16, 1, 22, 10, 29, 6, 8, 21, 4, 15	0.236	11	1, 3, 6, 7, 8, 9, 10, 16, 4, 5, 14	0.162
Kr-vs-kp	30	1, 3, 4, 5, 6, 7, 10, 12, 13, 15, 16, 17, 18, 20, 21, 23, 24, 25, 26, 27, 28, 30, 31, 33, 34, 35, 36, 11, 32, 22	4.768	35	1, 2, 3, 4, 5, 6, 7, 8, 9, 10, 11, 12, 13, 15, 16, 17, 18, 33, 24, 21, 36, 26, 27, 34, 30, 35, 23, 20, 31, 32, 22, 19, 25, 29, 28	1.513

续表

数据集	CAR（经典）			IARC（增量）		
	约简数目	属性约简	时间/s	约简数目	属性约简	时间/s
Ticdata2000	72	1, 2, 44, 47, 55, 59, 68, 80, 83, 18, 31, 30, 28, 15, 38, 9, 23, 17, 37, 7, 39, 24, 36, 35, 22, 19, 14, 32, 27, 25, 10, 13, 34, 12, 26, 16, 33, 42, 8, 40, 29, 11, 6, 3, 4, 20, 21, 41, 54, 75, 49, 70, 61, 82, 64, 85, 43, 48, 69, 72, 51, 73, 52, 57, 78, 84, 63, 45, 66, 56, 77, 79	37.416	47	1, 2, 31, 30, 18, 15, 28, 38, 17, 7, 23, 9, 39, 37, 59, 47, 68, 44, 65, 80, 55, 76, 54, 75, 70, 49, 64, 85, 83, 62, 61, 82, 51, 72, 84, 63, 45, 66, 52, 46, 73, 67, 57, 78, 69, 48, 79	13.58
Mushroom	4	5, 20, 9, 3	1.813	6	1, 2, 3, 9, 5, 20	0.890

（2）不同大小属性增加时，动态属性约简算法的结果与非动态属性约简算法的结果比较.

当不同大小的属性增加时，分别用基于矩阵、非矩阵方法的动态属性约简算法和非动态属性约简算法来更新时间，结果比较如表 4-7 和表 4-8 所示. 分别把大小不同的属性添加到基本数据集中进行测试，仿真实验结果用图 4-2 中的各个子图表示. 图中 X 轴为增加的大小不同的属性集，Y 轴为不同算法属性约简的运行时间的常用对数值（由于基于非矩阵方法的动态属性约简算法更新时间比较小，为了使图形能够客观地反映不同算法的趋势，Y 轴用不同算法属性约简运行时间的常用对数值表示）. 图中圆圈线表示非动态属性约简算法运行时间的常用对数值，方格线表示基于矩阵方法的动态属性约简算法运行时间的常用对数值，棱形线表示动态属性约简算法运行时间的常用对数值. 表 4-7 和表 4-8 表示动态属性约简算法和非动态属性约简算法所得到的属性约简数目、属性约简数值是非常相近甚至有些数据集的属性约简数值是相等的. 图 4-2 结果表明：随着决策信息系统的属性不断增加，基于矩阵、非矩阵方法的动态属性约简算法和非动态属性约简算法的更新时间都有所增加，但非动态属性约简算法的更新时间增加得更多. 实验结果验证了基于非矩阵方法的动态属性约简算法在处理变化数据集的过程中具有较强的计算优势.

表 4-7 比较算法 CAR 和 MIRA 的运行时间（s）

数据集	（增加属性（%））CAR					（增加属性（%））MIRA				
	20	40	60	80	100	20	40	60	80	100
Lung cancer	0.037	0.038	0.044	0.050	0.056	0.014	0.018	0.020	0.025	0.026
Dermatology	1.925	2.256	2.595	2.665	2.723	0.642	0.870	1.057	1.251	1.395
Backup-large	1.282	1.601	1.744	1.979	2.218	0.402	0.552	0.673	0.822	0.941
Kr-vs-kp	362.3	435.5	506.5	636.7	957.4	229.9	419.6	485.0	586.1	840.4
Ticdata2000	4683	4984	6637	7843	9198	2595	3315	5998	4829	5694
Mushroom	785.8	974.6	1070	1202	1328	454.3	563.0	681.7	760.1	1037

表 4-8 比较算法 CAR 和 IARC 的运行时间（s）

数据集	（增加属性（%））CAR					（增加属性（%））IARC				
	20	40	60	80	100	20	40	60	80	100
Lung cancer	0.030	0.039	0.042	0.047	0.054	0.012	0.013	0.014	0.015	0.015
Dermatology	0.116	0.158	0.181	0.213	0.236	0.082	0.105	0.113	0.130	0.162
Backup-large	0.166	0.206	0.290	0.371	0.374	0.006	0.008	0.009	0.010	0.011
Kr-vs-kp	0.779	1.667	2.952	4.181	4.768	0.354	0.680	1.054	1.405	1.513
Ticdata2000	9.744	17.53	27.25	32.45	37.41	6.396	9.018	9.963	12.27	13.58
Mushroom	0.635	0.817	1.128	1.424	1.813	0.338	0.486	0.594	0.698	0.890

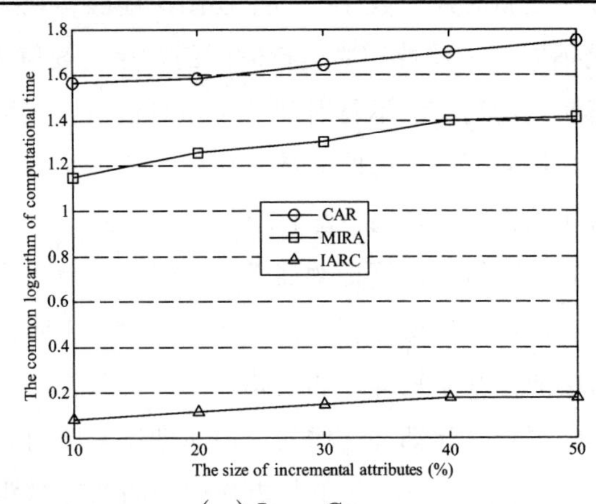

（a）Lung Cancer

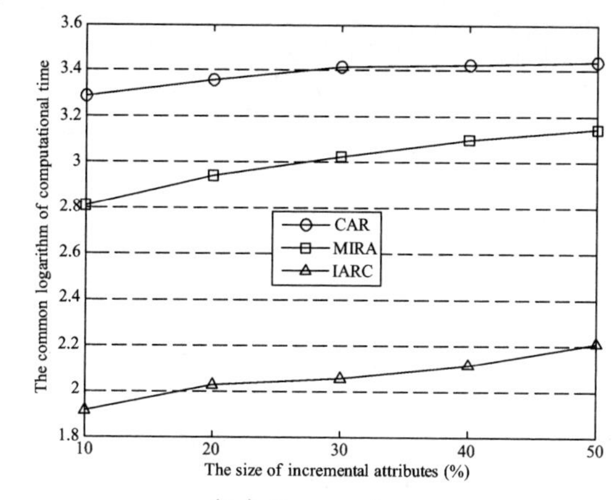

(b) Dermatology

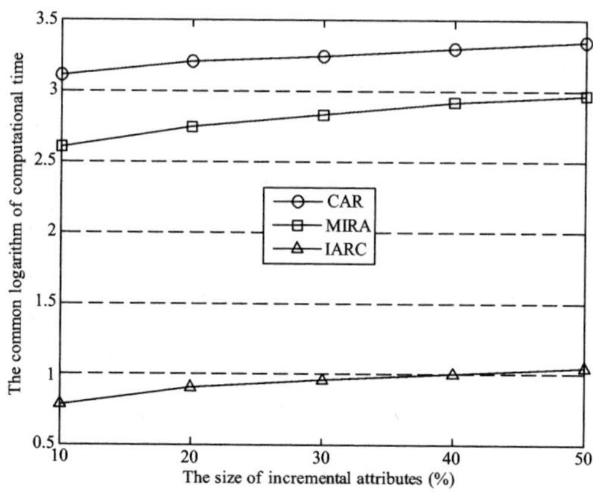

(c) Backup-large

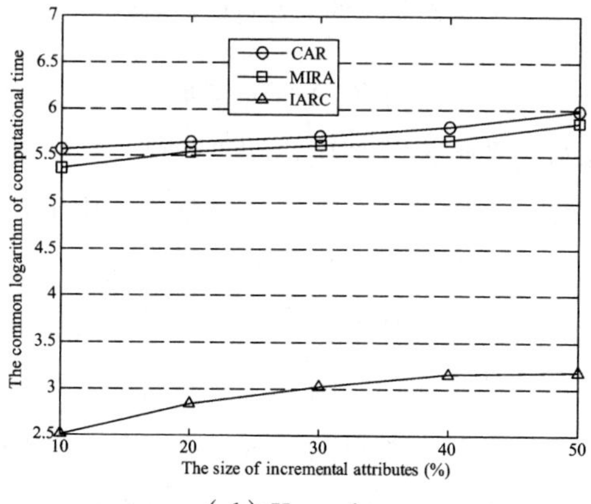

(d) Kr-vs-kp

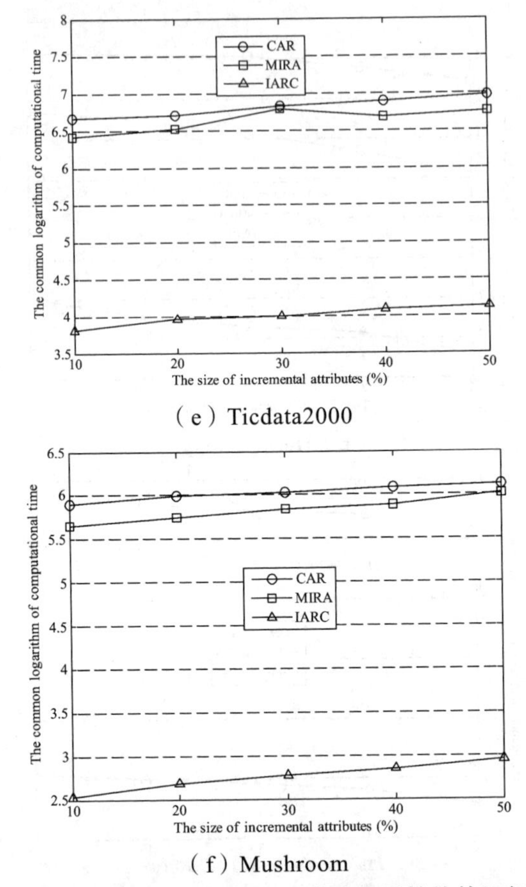

（e）Ticdata2000

（f）Mushroom

图 4-2 属性增加时基于矩阵方法的动态属性约简运行时间与非动态属性约简运行时间比较

（3）属性增加时，动态属性约简算法与非动态属性约简算法所得的属性约简的近似分类精度和近似分类质量结果比较.

当决策信息系统属性增加时，运用粗糙集理论中近似分类精度和近似分类质量两个评价指标分别对动态属性约简算法和非动态属性约简算法所获得的属性约简的有效性进行分析，比较结果如表 4-9 所示. 结果表明：动态属性约简算法和非动态属性约简算法所获得的属性约简的近似分类精度和近似分类质量数值是非常相近的，甚至有些数据集的近似分类精度和近似分类质量值是相等的. 结果验证了动态属性约简算法所获得的属性约简是有效的.

表 4-9　比较算法 CAR、MIRA 和 IARC 的近似分类精度和近似分类质量

数据集	CAR		MIRA		IARC	
	AQ	AP	AQ	AP	AQ	AP
Lung Cancer	1.0000	1.0000	1.0000	1.0000	1.0000	1.0000
Dermatology	0.9946	0.9892	0.9792	0.9678	0.9792	0.9678
Backup-large	1.0000	1.0000	1.0000	0.9999	1.0000	0.9999
Kr-vs-kp	1.0000	1.0000	1.0000	1.0000	1.0000	1.0000
Ticdata2000	0.980	0.961	0.9985	0.9789	0.9985	0.9789
Mushroom	1.0000	1.0000	1.0000	1.0000	1.0000	1.0000

（4）属性增加时，动态属性约简算法与非动态属性约简算法所得的属性约简的分类精确度结果比较.

当决策信息系统属性增加时，运用十字交叉方法分别对动态属性约简算法和非动态属性约简算法所获得的属性约简的分类精确度进行分析比较，比较结果如表 4-10 所示. 结果表明：动态属性约简算法和非动态属性约简算法所获得的分类精确度非常相近甚至某些数据集的分类精确度是相等的. 结果验证了所提出的动态属性约简算法能够快速找到一个有效的属性约简.

表 4-10　比较算法 CAR、IARC 和 MIRA 的分类精确度（%）

数据集	CAR	IARC	MIRA
Lung Cancer	78.5714	78.5714	78.5714
Dermatology	87.7049	86.3388	86.3388
Backup-large	81.1075	90.2280	90.2280
Kr-vs-kp	90.1439	88.4543	88.4543
Ticdata2000	73.0849	81.2405	81.2405
Mushroom	99.7638	99.8819	99.8819

（5）属性增加时，基于非矩阵方法的动态属性约简算法与其他动态属性约简算法的实验结果比较.

当决策信息系统属性增加时，分别用基于非矩阵方法的动态属性约简算法、基于信息熵的动态属性约简算法和基于正区域的动态属性约简算法运行每个数据集，比较结果如表 4-11 所示. 结果表明：基于非矩阵方法的动态属性约简算法、基于信息熵的动态属性约简算法和基于正区域的动态属性约简算法所得到的属性约简数目、属性约简数值是非常相近甚至某些数据集是相等的，但是基于非矩阵方法的动态属性约简算法的更新时间小于基于信息熵的动态约简算法和基于正区域的动态约简算法的更新时间. 结果说明：所提出的动态属性约简算法在计算决策信息系统属性增加情况下的属性约简是非常有效的.

表 4-11　比较知识粒度动态属性约简算法和其他动态属性约简算法的运行结果

数据集	IARC		DIA_RED		UARA	
	时间/s	CA（%）	时间/s	CA（%）	时间/s	CA（%）
Lung Cancer	0.001	78.5714	0.045	77.4682	1.325	83.9345
Dermatology	0.011	86.3388	0.083	83.8797	2.878	82.0138
Backup-large	0.162	90.2280	0.404	84.3648	2.921	89.8625
Kr-vs-kp	1.513	88.4543	18.700	88.1101	6.565	85.9474
Ticdata2000	13.580	81.2405	213.900	73.3768	25.620	80.8467
Mushroom	0.890	99.8819	10.070	99.7165	15.230	100.0000

4.2　属性增加时基于正域的动态属性约简算法

当决策信息系统属性增加时，本节利用原有的属性约简结果，利用增量技术快速更新等价关系矩阵，能在较短的时间内找出一个新的约简，并在理论和实例分析的基础上，通过 UCI 数据实验，说明该算法是高效和可行的[168].

4.2.1　属性增加时基于正域的动态属性约简原理与算法

4.2.1.1　属性增加时基于正域的动态属性约简原理

定理 4.7　设 $S=(U,A=C\cup D,V,f)$ 是一个决策信息系统，$C=\{a_1,a_2,\cdots,a_n\}$ 是条件属性集，$B\subseteq C且B\neq\varnothing$，$a_i\in C-B$，属性 B, a_i 的等价关系矩阵分别为 $\boldsymbol{M}_{n\times n}^{R_B}=(m_{ij})_{n\times n}$，$\boldsymbol{M}_{n\times n}^{R_{\{a_i\}}}=(m'_{ij})_{n\times n}$，则把属性 a_i 添加到属性集 B 后，B 的等价关系矩阵更新为 $\boldsymbol{M}_{n\times n}^{R_{B\cup\{a_i\}}}$ 的元素为：

$$(m_{ij})^{+}=\min(m_{ij},m'_{ij})\,. \tag{4-9}$$

注释：把属性 a_i 增加到属性集 C 时，如果 m_{ij}=0 时，更新后的 m_{ij} 是不变的.

定理 4.8　设 $S=(U,A=C\cup D,V,f)$ 是一个信息系统，$B\subseteq C且B\neq\varnothing$，$a_i\in C-B$，$\boldsymbol{\varLambda}_{n\times n}^{R_B}=\operatorname{diag}(\lambda_1,\lambda_2,\cdots,\lambda_n)\left(\lambda_i=\sum_{j=1}^{n}m_{ij}\right)$，设 $\boldsymbol{\varLambda}_{n\times n}^{R_{B\cup\{a_i\}}}=\operatorname{diag}(\lambda_1^{+},\lambda_2^{+},\cdots,\lambda_n^{+})\left(\lambda_i^{+}=\sum_{j=1}^{n}m'_{ij}\right)$，则有：

$$\lambda_i^{+}=\lambda_i-\sum_{j=1}^{n}(1-\omega_{ij})\cdot m_{ij}\,. \tag{4-10}$$

4.2.1.2　属性增加时基于正域的动态属性约简算法

当把一些属性增加到决策表时，通过增量更新技术更新等价关系矩阵，提出了基于正域的动态属性约简算法 4.3：

算法 4.3：基于正域的动态属性约简算法描述如下：

输入：增加属性前的等价关系矩阵 $M_{n\times n}^{R_C}$ 和约简的等价关系矩阵 $M_{n\times n}^{R_{RED}}$ 以及属性的约简 RED，增加新的属性 C_X.

输出：增加属性后的约简 $RED^{\uparrow}$.

Setp1：根据定理 4.7 增量更新等价关系矩阵 $M_{n\times n}^{R_C}$；

Setp2：根据定理 4.8 增量更新诱导矩阵 $\Lambda_{n\times n}^{R_C}$；

Step3：$RED^{\uparrow}=RED$；

Step4：计算更新后的 $POS_C(D)^{\uparrow}$ 和 $POS_{RED}(D)^{\uparrow}$，如果 $POS_C(D)^{\uparrow}=POS_{RED}(D)^{\uparrow}$，转到 Setp6，否则执行 Setp5；

Setp5：For i=1 *to* $|C\text{-}RED|$

5.1 按照属性依赖度的大小来增加属性 C_i；

5.2 计算更新后的等价关系矩阵 $M_{n\times n}^{R_{RED}\uparrow}$；

5.3 计算更新后的对角矩阵 $\Lambda_{n\times n}^{R_{RED}\uparrow}=\text{diag}(\lambda_1^+,\lambda_2^+,\cdots,\lambda_n^+)\left(\lambda_1^+=\sum_{j=1}^{n}m_{ij}\right)$；

5.4 计算更新后 D 关于 $RED^{\uparrow}$ 的正域 $POS_{RED}(D)^{\uparrow}$；

if $POS_C(D)^{\uparrow}=POS_{RED}(D)^{\uparrow}$

Then

$RED^{\uparrow}=RED\cup C_i$

End if

End

For ($a'\in RED^{\uparrow}$)

if ($POS_{RED\text{-}\{a'\}}(D)^{\uparrow}=POS_{RED}(D)^{\uparrow}$) then

$RED^{\uparrow}=RED^{\uparrow}\text{-}\{a'\}$

End if

End

Setp6：输出增加属性后的约简 $RED^{\uparrow}$.

4.2.2 算 例

表 4-12 是一个决策表：$U=\{x_1,x_2,x_3,x_4\}$是论域，$C=\{c_1,c_2,c_3,c_4,c_5\}$是条件属性，$D=\{d\}$是决策属性. 假设$\{c_1,c_2\}$是决策表的一个约简，如果把属性 $c_5=\{1,0,1,1\}$ 增加到决策表，求属性增加后的约简.

表 4-12　决策信息系统

U	c_1	c_2	c_3	c_4	c_5	d
x_1	1	0	1	0	1	0
x_2	1	0	1	0	0	1
x_3	1	1	0	0	1	0
x_4	0	1	0	0	1	1

（1）计算决策表决策属性的等价关系矩阵 $\boldsymbol{M}_{n\times m}^{D}$：

$$\boldsymbol{M}_{n\times m}^{D}=\begin{bmatrix}1&0\\0&1\\1&0\\0&1\end{bmatrix}.$$

（2）计算等价关系矩阵 $\boldsymbol{M}_{n\times n}^{R_C}$：

新增属性 c_5 后，计算新增属性的等价关系矩阵 $\boldsymbol{M}_{n\times n}^{R_{c_5}}$ 和增加属性后的等价关系矩阵 $\boldsymbol{M}_{n\times n}^{R_C}\uparrow$：

$$\boldsymbol{M}_{n\times n}^{R_{c_5}}=\begin{bmatrix}1&0&1&1\\0&1&0&0\\1&0&1&1\\1&0&1&1\end{bmatrix},\quad \boldsymbol{M}_{n\times n}^{R_C}\uparrow=\begin{bmatrix}1&\mathbf{0}&0&0\\\mathbf{0}&1&0&0\\1&0&0&0\\1&0&0&0\end{bmatrix}.$$

按照定理 4.8，计算更新诱导矩阵 $\boldsymbol{\Lambda}_{n\times n}^{R_C}\uparrow$：

$$\boldsymbol{\Lambda}_{n\times n}^{R_C}\uparrow=\mathrm{diag}(1\backslash 1,1\backslash 1,1\backslash 1,1\backslash 1,1\backslash 1).$$

（3）计算增加属性后的约简：

① 计算增加属性后的条件属性 C 的正域：

$$POS_C(D)^{\uparrow}=(\boldsymbol{\Lambda}_{n\times n}^{R_C}\uparrow\cdot(\boldsymbol{M}_{n\times n}^{R_C}\uparrow\cdot\boldsymbol{M}_{n\times m}^{D}))_1=\begin{bmatrix}1&0\\0&1\\1&0\\0&1\end{bmatrix}.$$

则 D 关于 C 的正域为：

$$POS_C(D)^{\uparrow} = \{x_1, x_2, x_3, x_4\}.$$

没有增加属性前 D 关于 RED 的正域为：

$$POS_{RED}(D)^{\uparrow} = \{x_3, x_4\}.$$

所以：

$$POS_C(D)^{\uparrow} \neq POS_{RED}(D)^{\uparrow}.$$

② 计算增加属性后的依赖度并降序排列 $\gamma_{C_5}(D) > \gamma_{C_4}(D) = \gamma_{C_3}(D)$.

增加最大依赖度属性 c_5 到 RED 中，由等价关系矩阵 $\boldsymbol{M}_{n\times n}^{R_{RED}}$ 和 $\boldsymbol{M}_{n\times n}^{R_{C_5}}$ 增量更新等价关系矩阵 $\boldsymbol{M}_{n\times n}^{R_{RED\cup\{c_5\}}}$：

$$\boldsymbol{M}_{n\times n}^{R_{RED\cup\{c_5\}}} = \begin{bmatrix} 1 & \mathbf{0} & 0 & 0 \\ \mathbf{0} & 1 & 0 & 0 \\ 1 & 0 & 0 & 0 \\ 1 & 0 & 0 & 0 \end{bmatrix}.$$

按照定理 4.8 计算变化后的诱导矩阵 $\boldsymbol{\Lambda}_{n\times n}^{R_{RED\cup\{c_5\}}}$：

$$\boldsymbol{\Lambda}_{n\times n}^{R_{RED\cup\{c_5\}}} = \mathrm{diag}(1/1, 1/1, 1/1, 1/1, 1/1).$$

③ 计算增加属性后决策表的正域：

$$POS_{RED}(D)^{\uparrow} = (\boldsymbol{\Lambda}_{n\times n}^{R_{RED\cup\{c_5\}}\uparrow} \cdot (\boldsymbol{M}_{n\times n}^{R_{RED\cup\{c_5\}}\uparrow} \cdot \boldsymbol{M}_{n\times m}^{D}))_1 = \begin{bmatrix} 1 & 0 \\ 0 & 1 \\ 1 & 0 \\ 0 & 1 \end{bmatrix},$$

$$POS_{RED}(D)^{\uparrow} = \{x_3, x_4, x_5\},$$

故：

$$POS_C(D)^{\uparrow} = POS_{RED}(D)^{\uparrow}.$$

所以，$\{c_1, c_2, c_5\}$ 是表 4.12 的一个属性约简.

4.2.3　实验测试与分析

为了验证增量式约简的矩阵算法比非增量式约简的矩阵算法有效，我们从 UCI 数据集下载了 3 个数据集，分别为 Wine，Cancer，Balance，数据集具体描述见表 4-13，分别用动态和非动态属性约简算法对这 3 个数据集进行了测试，并对所消耗的时间进行比较，实验测试的软硬件环境：CPU Intel Core™ 双核 2GHz，内存 1.0GB；Windows7.0 操作系统，C++开发平台.

表 4-13　数据集描述

序号	数据集	属性个数	对象个数
1	Wine	13	178
2	Cancer	9	683
3	Balance	5	625

在测试实验中，我们把每个数据集属性的 60%作为基本数据集，把剩余的属性作为增加的属性集，当增加属性集时，我们分别用动态和非动态属性约简算法测试，比较两类算法所消耗的时间，实验测试结果如表 4-14 所示.

表 4-14　动态属性约简算法与非动态属性约简算法计算时间比较

序号	数据集	非动态约简算法（s）	动态约简算法（s）
1	Wine	0.51	0.22
2	Cancer	0.89	0.4
3	Balance	0.78	0.3

从表 4-14 可得：动态属性约简算法计算约简的时间明显小于非动态属性约简算法的时间，说明动态属性约简算法是有效的.

4.3 小　结

本章针对较小动态决策信息系统中属性在时间增加情况下如何有效更新属性约简的问题，探讨了属性增加后基于矩阵方法的计算知识粒度和正域的增量更新机制，提出了属性增加后动态属性约简算法. 最后，下载了一些 UCI 数据集对本章所提出的基于矩阵、非矩阵方法的动态属性约简算法与非动态属性约简算法进行了实验分析比较，实验结果表明：随着决策信息系统规模的增加，所提出的动态属性约简算法的计算性能优势越明显，可以加速决策信息系统中属性增加后决策信息系统属性约简的计算过程.

第5章　属性值变化时动态属性约简算法研究

针对动态数据属性约简算法的研究，最常见的两类变化因素是决策信息系统中对象集和属性集的变化. 许多研究者分别针对这两种情况的变化提出了很多动态属性约简算法，然而在现实生活中，决策信息系统的属性值也会发生修改和更新. 例如，高铁的数据在收集过程中由于传感器设备出现故障，导致收集的数据出现错误，需要对错误数据进行更新；另一个实例是学校工作人员对收集到的学生的信息进行检查，发现个别学生的信息存在错误，需要更新操作等. 当决策信息系统中对象的属性值随着时间变化而发生了更改，如何在原有数据分析的基础上快速获取新的知识，成为属性值动态变化知识获取方法研究的热点. 针对决策信息系统属性值动态变化如何有效更新属性约简的问题，本章首先探讨了单个对象的属性值发生变化后决策信息系统知识粒度增量更新机制，设计了单个对象的属性值更新后动态属性约简算法. 当决策信息系统中多个对象的属性值发生变化后，该算法耗时较多. 鉴于此，进一步设计了多个对象的属性值更新后动态属性约简算法，并从 UCI 公用数据集上下载了 6 组数据集进行实验分析. 实验结果验证了多个对象的属性值发生变化后动态属性约简算法的高效性[164].

5.1　属性值变化时基于知识粒度的动态属性约简算法

5.1.1　单个对象的属性值变化动态属性约简原理与算法

本节介绍决策信息系统中单个对象的属性值发生变化后动态属性约简原理与算法.

5.1.1.1 单个对象的属性值变化动态属性约简原理

定理 5.1 已知决策信息系统 $S=(U,A=C\cup D,V,f)$，$U/C=\{X_1,X_2,\cdots,X_p,X_{p+1},\cdots,X_q,X_{q+1},\cdots,X_m,X_{m+1}\}$ 且 $X_{m+1}=\varnothing$. $GP_U(C)$ 是决策信息系统中条件属性的知识粒度. 假设单个对象 x 被改为 x'，新的论域用 U' 表示，则

$$U'/C=\{X_1,X_2,\cdots,X'_p,X_{p+1},\cdots,X'_q,X_{q+1},\cdots,X_m,X_{m+1}\}.$$

决策信息系统中单个对象的属性值发生更新后条件属性的知识粒度为：

$$GP_{U'}(C)=GP_U(C)-\frac{2}{|U|^2}(1+|X_q|-|X_p|). \tag{5-1}$$

证明 由定义 2.6 可得：

$$GP_{U'}(C)=\sum_{i=1}^{p-1}\frac{|X_i|^2}{|U|^2}+\frac{|X'_p|^2}{|U|^2}+\sum_{i=p+1}^{q-1}\frac{|X_i|^2}{|U|^2}+\frac{|X'_q|^2}{|U|^2}+\sum_{i=q+1}^{m+1}\frac{|X_i|^2}{|U|^2}.$$

因为 $X'_p=X_p-1$，$X'_q=X_q+1$，则：

$$\begin{aligned}GP_{U'}(C)&=\sum_{i=1}^{p-1}\frac{|X_i|^2}{|U|^2}+\frac{(|X_p|-1)^2}{|U|^2}+\sum_{i=p+1}^{q-1}\frac{|X_i|^2}{|U|^2}+\frac{(|X_q|+1)^2}{|U|^2}+\sum_{i=q+1}^{m+1}\frac{|X_i|^2}{|U|^2}\\&=\sum_{i=1}^{p-1}\frac{|X_i|^2}{|U|^2}+\frac{|X_p|^2}{|U|^2}+\sum_{i=p+1}^{q-1}\frac{|X_i|^2}{|U|^2}+\frac{|X_q|^2}{|U|^2}+\sum_{i=q+1}^{m+1}\frac{|X_i|^2}{|U|^2}-\frac{2|X_p|}{|U|^2}+\frac{1}{|U|^2}+\frac{2|X_q|}{|U|^2}+\frac{1}{|U|^2}\\&=\sum_{i=1}^{p-1}\frac{|X_i|^2}{|U|^2}+\frac{|X_p|^2}{|U|^2}+\sum_{i=p+1}^{q-1}\frac{|X_i|^2}{|U|^2}+\frac{|X_q|^2}{|U|^2}+\sum_{i=q+1}^{m+1}\frac{|X_i|^2}{|U|^2}-\frac{2}{|U|^2}(1+|X_q|-|X_p|).\end{aligned}$$

因为：

$$GP_U(C)=\sum_{i=1}^{p-1}\frac{|X_i|^2}{|U|^2}+\frac{|X_p|^2}{|U|^2}+\sum_{i=p+1}^{q-1}\frac{|X_i|^2}{|U|^2}+\frac{|X_q|^2}{|U|^2}+\sum_{i=q+1}^{m+1}\frac{|X_i|^2}{|U|^2},$$

所以：

$$GP_{U'}(C)=GP_U(C)-\frac{2}{|U|^2}(1+|X_q|-|X_p|).$$

定理 5.1 得证.

定理 5.2　已知决策信息系统 $S=(U,A=C\cup D,V,f)$ ，$U/C\cup D=\{M_1, M_2,\cdots, M_s,M_{s+1},\cdots,M_k,M_{k+1},\cdots,M_n,M_{n+1}\}$ 且 $M_{n+1}=\varnothing$. 决策信息系统中条件属性和决策属性的知识粒度是 $GP_U(C\cup D)$. 假设单个对象 x 被改为 x' ，新的论域用 U' 表示，则

$$U/C\cup D=\{M_1,M_2,\cdots,M_s',M_{s+1},\cdots,M_k',M_{k+1},\cdots,.\ M_n,M_{n+1}\}.$$

决策信息系统中单个对象的属性值发生更新后条件属性和决策属性的知识粒度为：

$$GP_{U'}(C\cup D)=GP_U(C\cup D)-\frac{2}{|U|^2}(1+|M_k|-|X_s|). \tag{5-2}$$

定理 5.3　已知决策信息系统 $S=(U,A=C\cup D,V,f)$ ，

$U/C=\{X_1,X_2,\cdots,X_p,X_{p+1},\cdots,X_q,X_{q+1},\cdots,X_m,X_{m+1}\}$ ，且 $X_{m+1}=\varnothing$

$U/C\cup D=\{M_1,M_2,\cdots,M_s,M_{s+1},\cdots,M_k,M_{k+1},\cdots,M_n,M_{n+1}\}$ ，且 $M_{n+1}=\varnothing$ ，

决策信息系统中决策属性关于条件属性的知识粒度是 $GP_U(D|C)$. 假设单个对象 x 被改为 x'，新的论域用 U'表示，则

$$U'/C=\{X_1,X_2,\cdots,X_p',X_{p+1},\cdots,X_q',X_{q+1},\cdots,X_m,X_{m+1}\},$$

$$U/C\cup D=\{M_1,M_2,\cdots,M_{s+1},\cdots,M_k',M_{k+1},\cdots,M_n,M_{n+1}\}.$$

决策信息系统中单个对象属性值发生变化后决策属性 D 关于条件属性 C 的相对知识粒度为：

$$GP_{U'}(D\mid C)=GP_U(D\mid C)-\frac{2}{|U|^2}(|X_q|-|X_p|-|M_k|+|X_s|). \tag{5-3}$$

证明　由定义 2.7 可得：

$$\begin{aligned}GP_{U'}(D\mid C)&=GP_{U'}(C)-GP_{U'}(C\cup D)\\&=GP_U(C)-\frac{2}{|U|^2}(1+|X_q|-|X_p|)-\left(GP_U(C\cup D)-\frac{2}{|U|^2}(1+|M_k|-|X_s|)\right)\\&=GP_U(C)-GP_U(C\cup D)-\frac{2}{|U|^2}(|X_q|-|X_p|-|M_k|+|X_s|).\end{aligned}$$

因为：

$$GP_U(D \mid C) = GP_U(C) - GP_U(C \cup D),$$

$$GP_{U'}(D \mid C) = GP_U(D \mid C) - \frac{2}{|U|^2}(|X_q| - |X_p| - |M_k| + |X_s|),$$

定理 5.3 得证.

5.1.1.2 单个对象的属性值变化动态属性约简算法

当决策信息系统中单个对象的属性值发生变化时，根据 5.1.1.1 计算决策信息系统知识粒度的增量更新原理，设计了单个对象的属性值发生变化情况下的动态属性约简算法，算法的具体步骤如算法 5.1 所述.

Algorithm 5.1: An Incremental Algorithm for Reduction Computation with Varying data values of a single object (IARCV)

```
Input: A decision table S = (U, C ∪ D, V, f), the reduct RED_U on U, and one object x ∈ U is changed to x'.
Output: A new reduct RED_U' on U'.
1  begin
2      B ← RED_U, in U/B,and U/B ∪ D;
3      One can get: U'/B, and U'/B ∪ D;
4      Calculate GP_U'(D|B);
5      In U/C, and U/C ∪ D;
6      One can get: U'/C, and
7      U'/C ∪ D;
8      Calculate GP_U'(D|C);
9      if GP_U'(D|B) = GP_U'(D|C) then
10         go to 26;
11     else
12         go to 14;
13     end
14     while GP_U'(D|B) ≠ GP_U'(D|C) do
15         for each a ∈ (C − B) do
16             Calculate Sig_U'^outer(a, B, D);
17             Select a0 = max{Sig_U'^outer(a, B, D), a ∈ (C − B) };
18             B ← (B ∪ {a0}) };
19         end
20     end
21     for each a ∈ B do
22         if GP_U'(D|(B − {a})) = GP_U'(D|C) then
23             B ← (B − {a}) };
24         end
25     end
26     RED_U' ← B;
27     return reduct RED_U';
28 end
```

5.1.2 多个对象的属性值变化动态属性约简原理与算法

虽然所提出的动态属性约简算法 IARCV 在计算数据集的单个对象的属性值发生变化情况下的属性约简是有效的，但是对于决策信息系统中多个对象的属性值发生变化情况，该算法耗时较多，鉴于此，进一步提出了多个对象的属性值发生变化情况下的动态属性约简原理和算法.

5.1.2.1　多个对象的属性值变化动态属性约简原理

定理 5.4　已知决策信息系统 $S=(U,A=C\cup D,V,f)$，$U/C=\{X_1,X_2,\cdots,X_m\}$. $GP_U(C)$ 是决策信息系统 S 中条件属性的知识粒度. 假设对象集 U_X 被改为 $U_{X'}$，

$$U_X/C=\{Y_1,Y_2,\cdots,Y_s\},$$
$$U-U_X/C=\{E_1,E_2,\cdots,E_s,X_{s+1},X_{s+2},\cdots,X_m\},$$
$$U_{X'}/C=\{Z_1,Z_2,\cdots,Z_n\}.$$

新的论域用 U'表示，则

$$U'/C=\{S_1,S_2,\cdots,S_p,E_{p+1},E_{p+2},\cdots,E_s,P_{s+1},\cdots,P_l,X_{l+1},\cdots,X_m,Z_{p+l-s+1},Z_{p+l-s+2},\cdots,Z_n\}.$$

决策信息系统中多个对象的属性值发生更新后决策信息系统条件属性的知识粒度为：

$$GP_{U'}(C)=GP_U(C)+GP_{U_X}(C)+P_{U_{X'}}(C)-\frac{1}{|U|^2}\left(\sum_{i=1}^{p}|X_i||Y_i|-\sum_{i=1}^{p}|X_i||Z_i|+\sum_{i=1}^{p}|Y_i||Z_i|+\sum_{i=p+1}^{s}|X_i||Y_i|-\sum_{i=s+1}^{l}|X_i||Z_{p+i-s)}|\right).\qquad(5\text{-}4)$$

证明　由定义 2.6 可得：

$$GP_{U'}(C)=\sum_{i=1}^{p}\frac{|S_i|^2}{|U|^2}+\sum_{i=p+1}^{s}\frac{|E_i|^2}{|U|^2}+\sum_{i=s+1}^{l}\frac{|P_i|^2}{|U|^2}+\sum_{i=l+1}^{m}\frac{|X_i|^2}{|U|^2}+\sum_{i=p+l-s+1}^{n}\frac{|Z_i|^2}{|U|^2}.$$

因为：

$$S_i=X_i-Y_i\cup Z_i(i=1,2,\cdots,p),$$
$$E_i=X_i-Y_i(i=p+1,p+2,\cdots,s),$$
$$P_i=X_i\cup Z_{p+i-s}(i=s+1,s+2,\cdots,l),$$

则：

$$GP_{U'}(C)=\sum_{i=1}^{p}\frac{|X_i-Y_i\cup Z_i|^2}{|U|^2}+\sum_{i=p+1}^{s}\frac{|X_i-Y_i|^2}{|U|^2}+\sum_{i=s+1}^{l}\frac{|X_i\cup Z_{p+i-s}|^2}{|U|^2}+\sum_{i=l+1}^{m}\frac{|X_i|^2}{|U|^2}+\sum_{i=p+l-s+1}^{n}\frac{|Z_i|^2}{|U|^2}$$

$$=\sum_{i=1}^{p}\frac{|X_i|^2}{|U|^2}+\sum_{i=p+1}^{s}\frac{|X_i|^2}{|U|^2}+\sum_{i=s+1}^{l}\frac{|X_i|^2}{|U|^2}+\sum_{i=l+1}^{m}\frac{|X_i|^2}{|U|^2}+\sum_{i=1}^{p}\frac{|Y_i|^2}{|U|^2}+\sum_{i=p+1}^{s}\frac{|Y_i|^2}{|U|^2}+$$

$$\sum_{i=1}^{p}\frac{|Z_i|^2}{|U|^2}+\sum_{i=s+1}^{l}\frac{|Z_{p+i-s}|^2}{|U|^2}+\sum_{i=p+l-s+1}^{l}\frac{|Z_i|^2}{|U|^2}-$$

$$\frac{1}{|U|^2}\left(\sum_{i=1}^{p}|X_i||Y_i|-\sum_{i=1}^{p}|X_i||Z_i|+\sum_{i=1}^{p}|Y_i||Z_i|+\sum_{i=p+1}^{s}|X_i||Y_i|-\sum_{i=s+1}^{l}|X_i||Z_{p+i-s}|\right).$$

因为：

$$GP_{U_X}(C)=\sum_{i=1}^{p}\frac{|X_i|^2}{|U|^2}+\sum_{i=p+1}^{s}\frac{|X_i|^2}{|U|^2}+\sum_{i=s+1}^{l}\frac{|X_i|^2}{|U|^2}+\sum_{i=l+1}^{m}\frac{|X_i|^2}{|U|^2},$$

$$GP_{U_X}(C)=\sum_{i=1}^{p}\frac{|Y_i|^2}{|U|^2}+\sum_{i=p+1}^{s}\frac{|Y_i|^2}{|U|^2},$$

$$GP_{U_{X'}}(C)=\sum_{i=1}^{p}\frac{|Z_i|^2}{|U|^2}+\sum_{i=s+1}^{l}\frac{|Z_{p+i-s}|^2}{|U|^2}+\sum_{i=p+l-s+1}^{l}\frac{|Z_i|^2}{|U|^2},$$

所以：

$$GP_{U'}(C)=GP_U(C)+GP_{U_X}(C)+GP_{U_{X'}}(C)-\frac{2}{|U|^2}\left(\sum_{i=1}^{p}|X_i||Y_i|-\sum_{i=1}^{p}|X_i||Z_i|+\right.$$

$$\left.\sum_{i=1}^{p}|Y_i||Z_i|+\sum_{i=p+1}^{s}|X_i||Y_i|-\sum_{i=s+1}^{l}|X_i||Z_{p+i-s}|\right).$$

定理 5.4 得证.

定理 5.5 已知决策信息系统 $S=(U,A=C\cup D,V,f)$，$U/C\cup D=\{M_1,M_2,\cdots,M_n\}$. $GP_U(C\cup D)$ 是决策信息系统 S 中条件属性和决策属性的知识粒度. 假设对象集 U_X 被改为 $U_{X'}$，

$$U_X/C\cup D=\{H_1,H_2,\cdots,H_k\},$$

$$U-U_X/C\cup D=\{B_1,B_2,\cdots,B_j,M_{j+1},M_{j+2},\cdots,M_n\},$$

$$U_{X'}/C\cup D=\{N_1,N_2,\cdots,N_b\}.$$

新的论域用 U'表示，则

$$U'/C\cup D=\{S_1,S_2,\cdots,S_f,B_{f+1},B_{f+2},\cdots,B_k,P_{k+1},P_{k+2}\cdots,P_j,$$

$$M_{j+1},M_{j+2},\cdots,M_n,N_{f+j-k+1},N_{f+j-k+2},\cdots,N_b\}.$$

决策信息系统中多个对象的属性值发生更新后条件属性和决策属性的知识粒度为：

$$GP_{U'}(C \cup D) = GP_U(C \cup D) + GP_{U_X}(C \cup D) + GP_{U_{X'}}(C \cup D) - \frac{2}{|U|^2}\left(\sum_{i=1}^{f}|M_i||H_i| - \sum_{i=1}^{f}|M_i||N_i| + \sum_{i=1}^{f}|H_i||N_i| + \sum_{i=f+1}^{k}|M_i||H_i| - \sum_{i=k+1}^{j}|M_i||N_{f+i-k)}|\right). \tag{5-5}$$

定理 5.6　已知决策信息系统 $S=(U, A=C \cup D, V, f)$，且 $U/C=\{X_1, X_2, \cdots, X_m\}$，$U/C \cup D=\{M_1, M_2, \cdots, M_n\}$．$GP_U(D|C)$ 为决策信息系统中决策属性 D 关于条件属性 C 的相对知识粒度．假设决策信息系统中对象集 U_X 被改为 $U_{X'}$，

$U_X/C=\{Y_1, Y_2, \cdots, Y_s\}$，$U_X/C \cup D=\{H_1, H_2, \cdots, H_k\}$，

$U-U_X/C=\{E_1, E_2, \cdots, E_s, X_{s+1}, X_{s+2}, \cdots, X_m\}$，$U_{X'}/C=\{Z_1, Z_2, \cdots, Z_n\}$，

$U-U_X/C \cup D=\{B_1, B_2, \cdots, B_j, M_{j+1}, M_{j+2}, \cdots, M_n\}$.

新的论域用 U'表示，则

$$U'/C=\{S_1, S_2, \cdots, S_p, E_{p+1}, E_{p+2}, \cdots, E_s, P_{s+1}, P_{s+2}, \cdots, P_l, X_{l+1}, X_{l+2}, \cdots, X_m, Z_{p+l-s+1}, Z_{p+l-s+2}, \cdots, Z_n\},$$

$$U'/C \cup D=\{S_1, S_2, \cdots, S_f, B_{f+1}, B_{f+2}, \cdots, B_k, P_{k+1}, P_{k+2}, \cdots, P_j, M_{j+1}, M_{j+2}, \cdots, M_n, N_{f+j-k+1}, N_{f+j-k+2}, N_b\}.$$

决策信息系统中多个对象的属性值发生更新后决策属性 D 关于条件属性 C 的相对知识粒度为：

$$GP_{U'}(D|C) = GP_U(D|C) + GP_{U_X}(D|C) + GP_{U_{X'}}(D|C) - \frac{1}{|U|^2}\left(\sum_{i=1}^{p}|X_i||Y_i| - \sum_{i=1}^{p}|X_i||Z_i| + \sum_{i=1}^{p}|Y_i||Z_i| + \sum_{i=p+1}^{s}|X_i||Y_i| - \sum_{i=s+1}^{l}|X_i||Z_{p+i-s}| + \sum_{i=1}^{f}|M_i||H_i| - \sum_{i=1}^{f}|M_i||N_i| + \sum_{i=1}^{f}|H_i||N_i| + \sum_{i=f+1}^{k}|M_i||H_i| - \sum_{i=k+1}^{j}|M_i||N_{f+i-k}|\right). \tag{5-6}$$

证明　由定义 2.7 可得：

$$
\begin{aligned}
GP_{U'}(D\mid C) &= GP_{U'}(C)-GP_{U'}(C\cup D) \\
&= GP_U(C)+GP_{U_X}(C)+GP_{U_{X'}}(C)-\frac{2}{|U|^2}\left(\sum_{i=1}^{p}|X_i||Y_i|-\sum_{i=1}^{p}|X_i||Z_i|\right. + \\
&\quad \sum_{i=1}^{p}|Y_i||Z_i|+\sum_{i=p+1}^{s}|X_i||Y_i|-\left.\sum_{i=s+1}^{l}|X_i||Z_{p+i-s}|\right)-(GP_U(C\cup D)+ \\
&\quad GP_{U_X}(C\cup D)+P_{U_{X'}}(C\cup D)-\frac{2}{|U|^2}\left(\sum_{i=1}^{f}|M_i||H_i|-\sum_{i=1}^{f}|M_i||N_i|+\sum_{i=1}^{f}|H_i||N_i|+\right. \\
&\quad \left.\left.\sum_{i=f+1}^{k}|M_i||H_i|-\sum_{i=k+1}^{j}|M_i||N_{f+i-k}|\right)\right).
\end{aligned}
$$

$$
\begin{aligned}
GP_{U'}(D\mid C) &= GP_U(D\mid C)+GP_{U_X}(D\mid C)+P_{U_{X'}}(D\mid C)-\frac{1}{|U|^2}\left(\sum_{i=1}^{p}|X_i||Y_i|-\right. \\
&\quad \sum_{i=1}^{p}|X_i||Z_i|+\sum_{i=1}^{p}|Y_i||Z_i|+\sum_{i=p+1}^{s}|X_i||Y_i|-\sum_{i=s+1}^{l}|X_i||Z_{p+i-s}|+ \\
&\quad \left.\sum_{i=1}^{f}|M_i||H_i|-\sum_{i=1}^{f}|M_i||N_i|+\sum_{i=1}^{f}|H_i||N_i|+\sum_{i=f+1}^{k}|M_i||H_i|-\sum_{i=k+1}^{j}|M_i||N_{f+i-k}|\right).
\end{aligned}
$$

定理 5.6 得证.

5.1.2.2 多个对象的属性值变化动态属性约简算法

当我们把决策信息系统中多个对象的属性值进行更改时，根据 5.1.2.1 计算决策信息系统知识粒度的增量更新原理，设计了多个对象的属性值发生变化情况下动态属性约简算法，算法的具体步骤如算法 5.2 所述.

Algorithm 5.2: A Group Incremental Algorithm for Reduction Computation based on knowledge granularity (GIARC)

Input: A decision table $S = (U, C\cup D, V, f)$, the reduct RED_U on U, and the object set U_X is changed to $U_{X'}$.
Output: A new reduct $RED_{U'}$ on U'.

```
1  begin
2      B ← RED_U, Calculate U'/C, U'/C ∪ D;
3      Calculate U'/B, U'/B ∪ D;
4      Calculate GP_U'(D|C), GP_U'(D|B);
5      if GP_U'(D|B) = GP_U'(D|C) then
6          go to 10;
7      else
8          go to 22;
9      end
10     while GP_U'(D|B) ≠ GP_U'(D|C) do
11         for each a ∈ (C − B) do
12             Calculate Sig_U'^outer(a, B, D);
13             Select a_0 = max{Sig_U'^outer(a, B, D), a ∈ (C − B)};
14             B ← (B ∪ {a_0})};
15         end
16     end
17     for each a ∈ B do
18         if GP_U'(D|(B − {a})) = GP_U'(D|C) then
19             B ← (B − {a})};
20         end
21     end
22     RED_U' ← B;
23     return reduct RED_U';
24 end
```

5.1.3 算法复杂度分析

本节分析算法 5.1（IARCV）和算法 5.2（GIARC）的时间复杂度.

（1）在算法 5.1（IARCV）中，当决策信息系统中单个对象的属性值发生变化时，通过 5.1.1.1 的增量机制计算单个对象的属性值发生变化后决策信息系统知识粒度的时间复杂度为 $O(|C||m||U_X|)$（参数 m 如定理 5.1 所述），计算决策信息系统中单个对象的属性值发生变化后属性约简的时间复杂度为 $O(|C|^2|U|)$，计算删除决策信息系统中属性约简冗余属性的时间复杂度为 $O(|C|^2|U|)$. 故算法 IARCV 的总的时间复杂度为 $O(|C|^2|U|+|C||m||U_X|)$.

（2）在算法 5.2（GIARC）中，当我们把决策信息系统中多个对象的属性值进行更改时，通过 5.1.2.1 的增量机制计算多个对象的属性值发生变化后决策信息系统知识粒度的时间复杂度为 $O(|C||m||m'|)$（参数 m' 是发生变化对象等价类的数值），计算决策信息系统中多个对象的属性值发生变化后属性约简的时间复杂度为 $O(|C|^2|U|)$，计算删除决策信息系统中属性约简冗余属性的时间复杂度为 $O(|C|^2|U|)$. 故算法 GIARC 的总的时间复杂度为 $O(|C|^2|U|+|C||m||m'|)$.

算法 CAR、算法 IARCV 和算法 GIARC 的时间复杂度比较如表 5-1 所示.

表 5-1 算法 CAR、IARCV 和 GIARC 的时间复杂度比较

属性约简算法	时间复杂度
算法 CAR	$O(|C|^2|U|+|C||U|^2)$
算法 IARCV	$O(|C|^2|U|+|C||m||U_X|)$
算法 GIARC	$O(|C|^2|U|+|C||m||m'|)$

从表 5-1 中可以明显看到，非动态属性约简算法 CAR 的时间复杂度 $O(|C|^2|U|+|C||U|^2)$ 远远大于单个对象的属性值发生变化后动态属性约简算

法 IARCV 的时间复杂度 $O(|C|^2|U|+|C||m||U_X|)$，单个对象的属性值发生变化后动态属性约简算法 IARCV 的时间复杂度大于多个对象的属性值发生变化后动态属性约简算法 GIARC 的时间复杂度，从而说明所提出的多个对象的属性值发生变化后的动态属性约简算法优于单个对象的属性值发生变化后的动态属性约简算法.

5.1.4 实验方案与性能分析

5.1.4.1 实验方案

为了验证所提出的动态属性约简算法能够有效处理数据集更新后属性约简的问题，我们从 UCI 机器学习公用数据集上下载了 6 组数据集进行实验. 数据集的具体描述如表 5-2 所示. 动态属性约简算法和非动态属性约简算法的代码是在 32-bits（JDK 1.6.0_20）和 Eclipse 3.7 环境下编写的. 仿真实验的计算机软件和硬件环境配置为 CPU：Inter Core2 Quad Q8200，2.66 GHz，内存：4.0 GB；操作系统：32-bit Windows 7. 在实验过程中，我们随机选取多个对象并改变其属性值，并对所提出的动态属性约简算法进行验证. 在实验过程中，由于计算机运行时间不稳定，为了让计算时间更具有代表性，我们把多次运行的时间取平均值作为属性约简的计算时间，本章取 10 次运行时间的平均值作为实验最终结果值.

表 5-2 数据集的具体描述

序号	数据集	对象数	属性数	决策类数
1	Cancer	683	9	2
2	Dermatology	366	34	6
3	Backup-large	307	35	19
4	Mushroom	5644	22	2
5	Letter	20000	16	26
6	shuttle	43500	9	7

设计仿真实验方案如下：

（1）针对不同数据集，当决策信息系统中对象的属性值随着时间不断变化和更改时，对动态属性约简算法和非动态属性约简算法的运行结果进行比较，具体实验方案如下：

在实验中，把表 5-2 数据集中的对象均匀分成两部分，其中一部分数据集的属性值没有发生变化，而另外一部分数据集中对象的属性值随着时间不断变化和更改，分别用算法 IARCV、GIARC 和 CAR 来运行每个数据集.

（2）针对同一数据集的不同对象，当决策信息系统中对象的属性值不断变化和更改时，对动态属性约简算法和非动态属性约简算法的运行结果进行比较，具体实验方案如下：

在实验中，把表 5-2 数据集中的对象集均匀分成两部分，其中一部分数据集的属性值没有发生变化，另外一部分数据集，按照对象均匀分成 5 部分并且数据集的属性值依次发生变化，当每一部分数据集的属性值发生变化时，分别用算法 IARCV、GIARC 和 CAR 来运行每个数据集.

（3）针对不同数据集，当决策信息系统中对象的属性值不断变化和更改时，对动态属性约简算法和非动态属性约简算法的近似分类精度和近似分类质量进行比较，具体实验方案如下：

在实验中，运用粗糙集理论中近似分类精度和近似分类质量两个评价指标分别对单个对象的属性值发生变化、多个对象的属性值发生变化的动态属性约简算法和非动态属性约简算法所获得的属性约简的有效性进行分析，当所找到的属性约简近似分类精度和近似分类质量值相等或相近时，说明所找到的属性约简是有效的.

（4）针对不同数据集，当决策信息系统中对象的属性值不断变化和更改时，对动态属性约简算法和非动态属性约简算法的分类精确度结果进行比较，具体实验方案如下：

在实验中，运用十字交叉方法分别对算法 IARCV、GIARC 和 CAR 所获得的属性约简的分类精确度进行比较分析，即把表 5-2 数据集中的对象分成 90%和 10%两部分，其中 90%的部分数据集在实验过程中作为训练集，剩余 10%的部分数据集在实验过程中作为测试集，利用贝叶斯分类方法运行每个数据集.

（5）针对不同数据集，当决策信息系统中对象的属性值不断变化和更改时，对所提出的动态属性约简算法和其他动态属性约简算法的实验结果进行比较，具体实验方案如下：

在实验中，把表 5-2 数据集中的对象均匀分成两部分，其中一部分数据集的属性值没有发生变化，而另一部分数据集的属性值发生了变化，当决策信息系统中对象的属性值不断变化和更改时，分别用所提出的多个对象的属性值发生变化的动态属性约简算法与基于信息熵的动态属性约简算法运行每个数据集.

5.1.4.2 性能分析

本节分别介绍以上各实验的结果.

（1）属性值发生变化后动态属性约简算法与非动态属性约简算法结果比较.

当决策信息系统中对象的属性值随着时间不断变化和更改时，分别用单个对象的属性值变化、多个对象的属性值发生变化情况下的动态属性约简算法以及非动态属性约简算法运行每个数据集，实验比较结果如表 5-3 所示. 由于算法 IARCV、GIARC 计算的属性约简数目、属性约简数值是一样的，所以在表 5-3 中对算法 GIARC 仅列出计算时间. 结果说明：算法 IARCV、GIARC 和 CAR 所得到的属性约简数目、属性约简数值是非常相近甚至有些数据集的属性约简数值是相等的，但是算法 IARCV 的更新时间小于算法 CAR 的更新时间，算法 GIARC 的更新时间小于算法 IARCV 的更新时间. 这表明：多个对象的属性值发生变化情况下的动态属性约简算法在实际生活中具有较好的适应性.

表 5-3 比较算法 CAR、IARCV 和 GIARC 的运行结果

数据集	CAR（经典）			IARCV（增量）			GIARC（增量）
	属性约简数目	属性约简	时间/s	属性约简数目	属性约简	时间/s	时间/s
Cancer	6	3, 2, 4, 7, 1, 5	0.066	6	3, 2, 4, 7, 1, 5	0.008	0.006
Dermatology	7	34, 16, 4, 19, 28, 3, 21	0.198	7	34, 16, 4, 19, 28, 3, 21	0.011	0.006
Backup-large	14	7, 16, 1, 10, 22, 29, 6, 21, 15, 28, 4, 19, 9, 8	0.184	11	7, 16, 1, 22, 10, 29, 6, 8, 21, 4, 15	0.010	0.008
Mushroom	4	5, 20, 9, 3	1.826	4	5, 20, 9, 3	0.134	0.101
Letter	10	4, 15, 8, 9, 11, 10, 7, 13, 6, 12	4.144	16	4, 8, 15, 9, 11, 13, 10, 7, 6, 12, 14, 3, 5, 1, 16, 2	1.403	0.667
shuttle	4	2, 9, 8, 1	3.563	4	2, 9, 8, 1	0.846	0.743

（2）不同大小对象集的属性值发生变化后动态属性约简算法与非动态属性约简算法结果比较.

当不同大小对象集中的对象属性值依次随着时间发生更新时，分别用算法 IARCV、GIARC 和 CAR 去运行每个数据集，实验比较结果如表 5-4 所示. 由于算法 IARCV、GIARC 计算的属性约简数目、属性约简数值是一样的，所以在表 5-4 中对算法 GIARC 仅列出计算时间. 不同大小对象集的属性值依次发生变化时，用算法 IARCV、GIARC 和 CAR 进行实验的结果如图 5-1 和图 5-2 中的各个子图所示. 图中 X 轴为属性值发生变化的对象集，Y 轴为属性约简的运行时间，单位为秒（s）. 图中圆圈线表示非动态属性约简的运行时间，方格线表示单个对象的属性值发生变化情况下的动态属性约简的运行时间，棱形线表示多个对象的属性值发生变化情况下动态属性约简的运行时间. 图 5-1 和图 5-2 表明：随着决策信息系统对象的属性值发生变化即数目的增加，算法 IARCV、GIARC 和 CAR 的更新时间都有所增加，但是相对于非动态属性约简算法 CAR 和动态属性约简算法 IARCV，动态属性约简算法 GIARC 更新时间的增加较小. 这验证了多个对象的属性值发生变化情况下的动态属性约简算法优于单个对象的属性值发生变化情况下的动态属性约简算法和非动态属性约简算法.

表 5-4 比较算法 CAR、IARCV 和 GIARC 的运行结果

数据集	属性值变化（%）	CAR（经典）			IARCV（增量）			GIARC（增量）
		属性约简数目	属性约简	时间/s	属性约简数目	属性约简	时间/s	时间/s
Cancer	10	6	3, 2, 4, 7, 1, 5	0.061	6	3, 2, 4, 7, 1, 5	0.003	0.002
	20			0.062			0.004	0.003
	30			0.064			0.006	0.004
	40			0.065			0.007	0.005
	50			0.066			0.008	0.006
Dermatology	10	7	34, 16, 4, 19, 3, 28, 21	0.198	7	34, 16, 4, 19, 3, 28, 21	0.003	0.002
	20	6	34, 16, 4, 19, 28, 21	0.199			0.004	0.003
	30			0.201			0.006	0.005
	40	7	34, 16, 4, 19, 28, 3, 21	0.194			0.010	0.007
	50			0.198			0.011	0.009
Backup-large	10	13	7, 16, 1, 10, 6, 22, 29, 8, 21, 28, 9, 4, 15	0.185	11	7, 16, 1, 22, 10, 29, 6, 8, 21, 4, 15	0.003	0.002
	20	12	7, 16, 1, 10, 6, 22, 29, 8, 4, 9, 21, 3	0.188			0.005	0.004
	30	10	7, 16, 1, 10, 6, 22, 9, 8, 29, 4	0.184			0.007	0.005
	40	12	7, 16, 1, 10, 22, 6, 29, 21, 9, 8, 28, 19, 4	0.181			0.008	0.007
	50	14	7, 16, 1, 10, 22, 29, 6, 21, 15, 28, 4, 19, 9, 8	0.184			0.010	0.008
Mushroom	10	4	5, 20, 9, 3	1.841	4	5, 20, 9, 3	0.035	0.033
	20			1.865			0.052	0.046
	30			1.868			0.123	0.066
	40			1.871			0.131	0.098
	50			1.826			0.134	0.101

续表

数据集	属性值变化(%)	CAR(经典) 属性约简数目	CAR(经典) 属性约简	CAR(经典) 时间/s	IARCV(增量) 属性约简数目	IARCV(增量) 属性约简	IARCV(增量) 时间/s	GIARC(增量) 时间/s
Letter	10	13	4, 8, 15, 9, 11, 13, 10, 7, 6, 12, 14, 3, 5	4.654	16	4, 8, 15, 9, 11, 13, 10, 7, 6, 12, 14, 3, 5, 1, 16, 2	0.713	0.343
	20			4.565			0.724	0.371
	30			4.565			0.923	0.408
	40	11	4, 15, 8, 9, 11, 10, 7, 13, 6, 12, 14	4.448			1.284	0.463
	50	10	4, 15, 8, 9, 11, 10, 7, 13, 6, 12	4.144			1.403	0.667
Shuttle	10	4	2, 9, 8, 1	3.386	4	2, 9, 8, 1	0.169	0.125
	20			3.389			0.323	0.118
	30			3.393			0.606	0.202
	40			3.398			0.706	0.451
	50			3.563			0.846	0.703

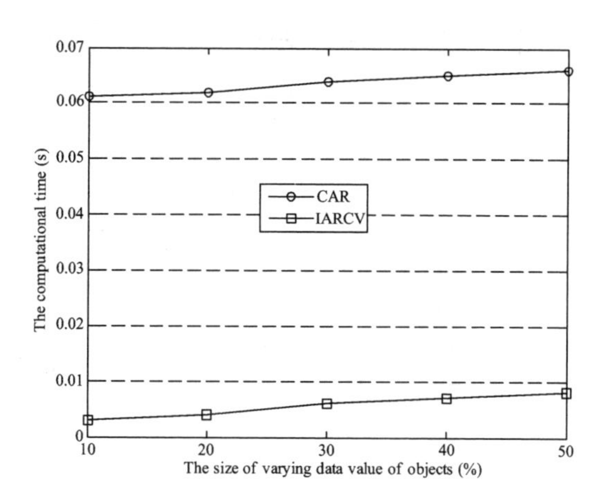

(a) Cancer

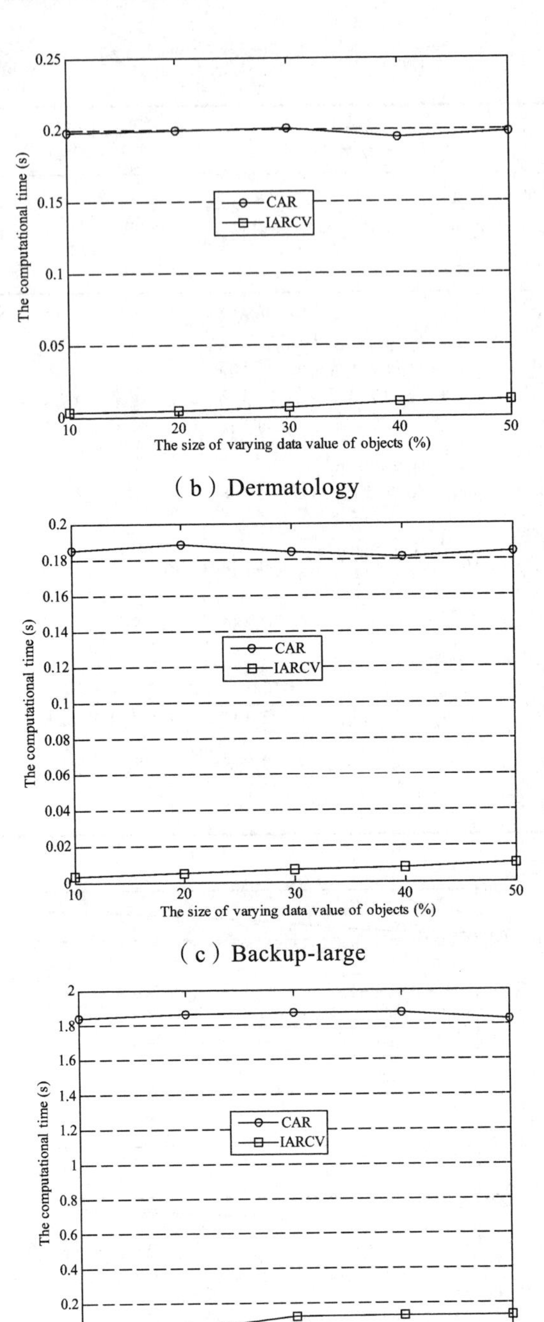

（b）Dermatology

（c）Backup-large

（d）Mushroom

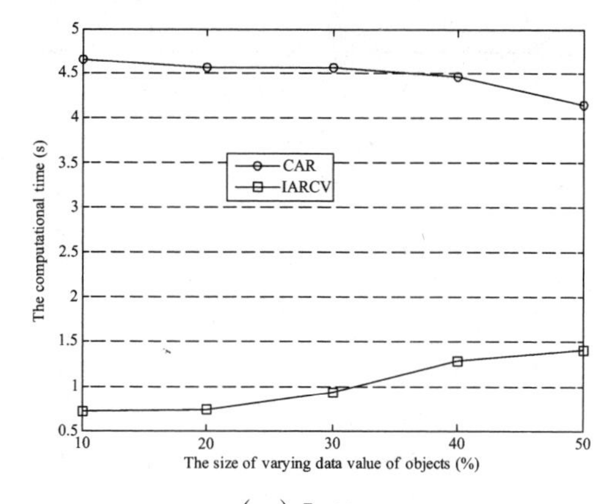

(e) Letter

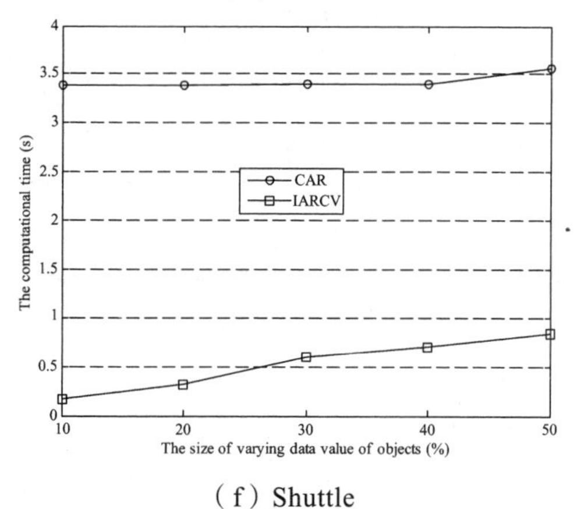

(f) Shuttle

图 5-1　属性值变化时算法 CAR 与算法 IARCV 运行时间比较

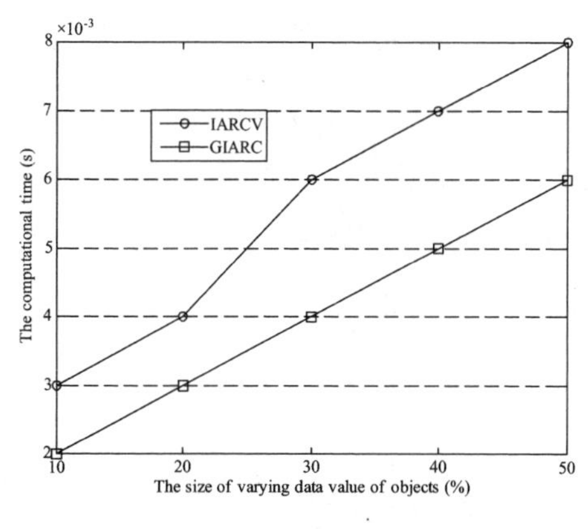

(a) Cancer

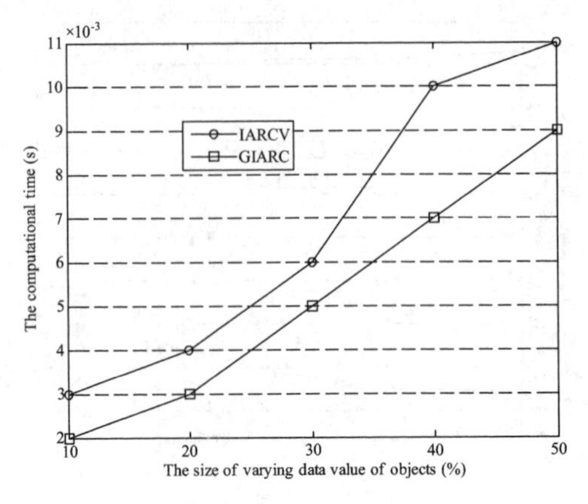

（b）Dermatology

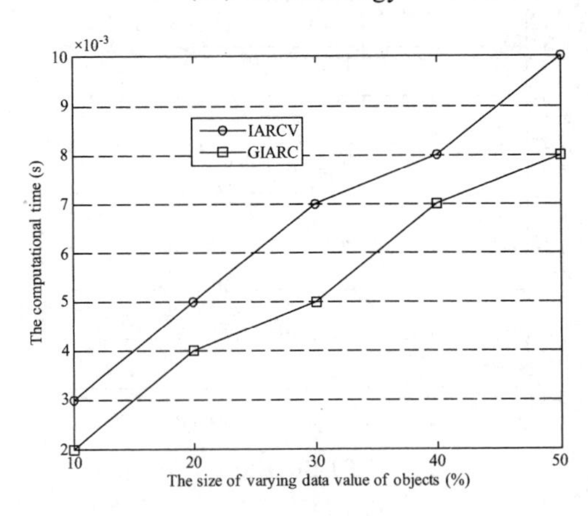

（c）Backup-large

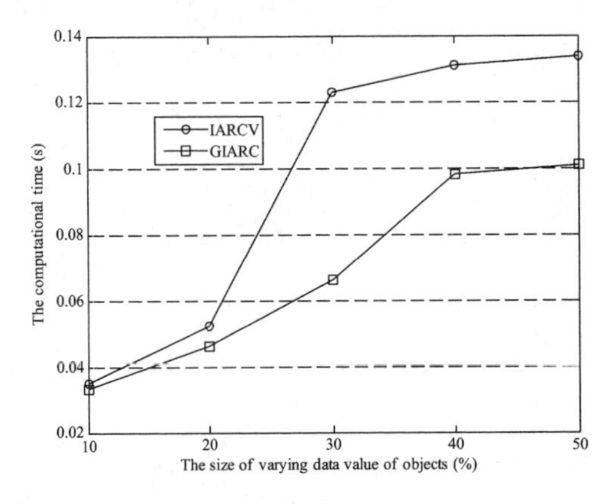

（d）Mushroom

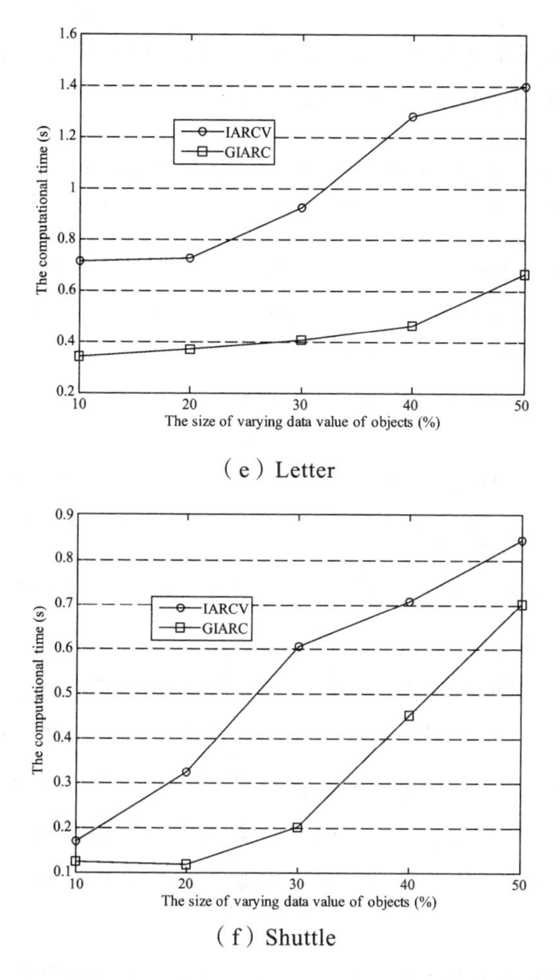

（e）Letter

（f）Shuttle

图 5-2　属性值变化时算法 IARCV 与算法 GIARC 运行时间比较

（3）属性值发生变化后动态属性约简算法与非动态属性约简算法有效性能结果比较.

当决策信息系统中对象的属性值随着时间不断变化和更改时，运用粗糙集理论中的近似分类精度和近似分类质量两个评价指标分别对动态属性约简算法和非动态属性约简算法所获得的属性约简的有效性进行分析，比较结果如表 5-5 所示. 结果说明：动态属性约简算法和非动态属性约简算法所获得的属性约简的近似分类精度和近似分类质量数值是非常相近甚至某些数据集的数值是相等的. 这验证了多个对象属性值发生变化情况下动态属性约简算法所获得的属性约简是有效的.

表 5-5 比较算法 CAR、IARCV 和 GIARC 的近似分类精度和近似分类质量

数据集	CAR		IARCV		GIARC	
	AQ	AP	AQ	AP	AQ	AP
Cancer	1.0000	1.0000	1.0000	1.0000	1.0000	1.0000
Dermatology	1.0000	1.0000	1.0000	1.0000	1.0000	1.0000
Backup-large	1.0000	1.0000	1.0000	0.9999	1.0000	0.9999
Mushroom	0.4135	0.2037	0.4135	0.2037	0.4135	0.2037
Letter	1.0000	1.0000	1.0000	1.0000	1.0000	1.0000
shuttle	1.0000	1.0000	1.0000	1.0000	1.0000	1.0000

（4）属性值发生变化后动态属性约简算法与非动态属性约简算法的分类精确度结果比较.

当决策信息系统中对象的属性值随着时间不断变化和更改时，运用十字交叉方法分别对动态属性约简算法和非动态属性约简算法所获得的属性约简的分类精确度进行分析比较，再用贝叶斯分类方法运行每个数据集，比较结果如表 5-6 所示. 结果表明：动态属性约简算法和非动态属性约简算法所获得的属性约简的分类精确度非常相近甚至某些数据集的分类精确度是相等的. 这说明：所提出的多个对象的属性值发生变化情况下的动态属性约简算法可以有效处理对象的属性值动态变化的数据集.

表 5-6 比较算法 CAR、IARCV 和 GIARC 的分类精确度（%）

数据集	CAR	IARCV	GIARC
Cancer	74.5351	74.5351	74.5351
Dermatology	92.4242	92.4242	92.4242
Backup-large	86.9251	87.6221	87.6221
Mushroom	99.6279	99.6279	99.6279
Letter	74.5050	96.4850	96.4850
shuttle	99.9563	99.9563	99.9563

（5）多个对象的属性值变化后动态属性约简算法与其他动态属性约简算法结果比较.

当决策信息系统中对象的属性值随着时间不断变化和更改时，分别用基于知识粒度的动态属性约简算法 GIARC 与基于信息熵的动态属性约简算法 ARED 运行每个数据集，比较结果如表 5-7 所示. 结果表明：动态属性约简算法 GIARC 与动态属性约简算法 ARED 所得到的属性约简数目、属性约简数值是非常相近甚至某些数据集的数值是相等的，但是动态属性约简算法 GIARC 的更新时间小于动态属性约简算法 ARED 的更新时间. 这验证了所提出的多个对象的属性值发生变化情况下的动态属性约简算法 GIARC 在处理数据集更新后属性约简中具有较强的计算优势.

表 5-7　比较知识粒度动态属性约简算法和信息熵动态属性约简算法运行结果

数据集	GIARC				ARED			
	时间/s	AQ	AP	CA（%）	时间/s	AQ	AP	CA（%）
Cancer	0.0060	1.0000	1.0000	74.5351	0.5000	1.0000	0.9999	72.8183
Dermatology	0.0090	1.0000	1.0000	92.4242	0.2031	1.0000	1.0000	86.9706
Backup-large	0.0080	1.0000	0.9999	87.6221	0.1406	1.0000	0.9999	84.3648
Mushroom	0.1010	0.4135	0.2037	99.6279	37.312	0.9996	0.9993	99.5873
Letter	0.6670	1.0000	1.0000	96.4850	358.810	1.0000	0.9999	68.8900
shuttle	0.7430	1.0000	1.0000	99.9563	5122.100	0.9988	0.9976	99.9356

5.2　属性值粗化时基于正域的动态属性约简算法

当决策信息属性值发生粗化时，运用矩阵作为表达和计算工具，利用既有的约简知识，通过增量式学习方法，能够在较短的时间内得到一个新的属性约简，并在理论分析的基础上给出了实例，说明所给出的算法是可行和高效的[167].

5.2.1 属性值粗化时基于正域的动态属性约简原理与算法

5.2.1.1 属性值粗化时基于正域的动态属性约简原理

假设有一个动态决策表，当属性值随着时间而发生变化时，重新计算属性等价关系需要花费大量的时间，为了克服这个缺陷，增量式学习方法在粗化前的等价关系矩阵基础上，通过快速更新原来的等价关系矩阵而得到粗化后的等价关系矩阵. 当决策表属性值发生粗化时，定理 5.7 和 5.8 给出了等价关系矩阵更新机制，然后得到属性值粗化后决策表的正域.

定义 5.1 信息系统 $S=(U,A=C\cup D,V,f)$，$B\subseteq C$且$B\neq\varnothing$，$a_l\in B$，设 $f(x_i,a_l)\neq f(x_k,a_l)$，

$$[x_i]_{a_l}=\{x_i\in U\mid f(x_i,a_l)=f(x_j,a_l)\},$$

$$[x_k]_{a_l}=\{x_i\in U\mid f(x_i,a_l)=f(x_k,a_l)\},$$

令 $f(x_i,a_l)=f(x_k,a_l)$，$\forall x_i\in[x_i]_{a_l}$，则称属性值 $f(x_i,a_l)$粗化为 $f(x_k,a_l)$.

设 $X=[x_i]_{a_l}$，$Y=[x_k]_{a_l}$，X 是元素 x_i 的等价类，Y 是元素 x_k 的等价类. $I_X=\{i\mid x_i\in X,X\subseteq U\}$，$I_Y=\{i\mid x_i\in Y,Y\subseteq U\}$，则 I_X 是集合 X 中的元素下标组成的集合，I_Y 是集合 Y 中的元素下标组成的集合.

定理 5.7 信息系统 $S=(U,A=C\cup D,V,f)$，$\{a_l\}\subseteq B$，属性 a_l 的等价关系矩阵为 $\boldsymbol{M}_{n\times n}^{R_B}$，属性集 $B-\{a_l\}$ 的等价关系矩阵为 $\boldsymbol{M}_{n\times n}^{R_{B-\{a_l\}}}$，当属性 a_l 的值粗化后，其对应的等价关系矩阵 $\boldsymbol{M}_{n\times n}^{R_B\downarrow}=(m_{ij}^{\downarrow})_{n\times n}$ 中元素表示为：

$$m_{ij}^{\downarrow}=\begin{cases}m_{ij}^{B-\{a_l\}}, & i\in I_X\text{且 } j\in I_Y,\\ m_{ij}^{B-\{a_l\}}, & i\in I_Y\text{且 } j\in I_X,\quad 1\leqslant i,j\leqslant|U|.\\ m_{ij}^{B}, & \text{其他},\end{cases}\tag{5-7}$$

定理 5.8 设决策信息系统 $S=(U,A=C\cup D,V,f)$，条件属性 $a_l\in C$，R_C 是论域 U 上的等价关系，则其等价关系矩阵为 $M_{n\times n}^{R_C}=(m_{ij})_{n\times n}$，从属性集 C 中删除属性 a_l 后，$R_{C-\{a_l\}}$ 是论域 U 上的等价关系，则其对应的等价关系矩阵 $\boldsymbol{M}_{n\times n}^{R_{C-\{a_l\}}}=(m_{ij}^{\downarrow})_{n\times n}$ 的元素表示为：

$$m_{ij}^{\downarrow}=\begin{cases}0, & m_{ij}=0\wedge(x_i,x_j)\notin R_{C-\{a_l\}},\\ 1, & m_{ij}=0\wedge(x_i,x_j)\in R_{C-\{a_l\}}.\end{cases} \tag{5-8}$$

注释：当从属性集 C 中删除属性 a_l 时，如果 $m_{ij}=1$ 时，更新后的 m_{ij} 是不变的[12].

5.2.1.2　属性值粗化时基于正域的动态属性约简算法

根据等价关系矩阵增量式更新机制，当决策表中属性值发生变化（粗化）时，我们依据定理 5.7 和 5.8 设计了属性值粗化时基于正域的动态属性约简算法 5.3，所提出的动态属性约简算法是在原有约简基础上，通过快速更新等价关系矩阵，能在较短的时间内找到决策信息系统变化后的约简.

算法 5.3　属性值粗化时基于正域的动态属性约简算法：

输入：粗化前等价关系 $M_{n\times n}^{R_C}$，约简的等价关系矩阵 $M_{n\times n}^{R_{RED}}$ 和属性的一个约简 RED，属性 b 的值发生粗化.

输出：输出粗化后的属性约简 $RED^{\downarrow}$.

Setp1：计算删除属性 b 的等价关系矩阵 $M_{n\times n}^{R_{C-\{b\}}}$；

Setp2：计算等价关系矩阵 $M_{n\times n}^{R_C}$ 和 $M_{n\times n}^{R_{RED}}$；

Step3：$RED^{\downarrow}=RED$；

Step4：计算属性值粗化后的 $POS_C(D)^{\downarrow}$ 和 $POS_{RED}(D)^{\downarrow}$，如果 $POS_C(D)^{\downarrow}=POS_{RED}(D)^{\downarrow}$，转到 Setp6，否则执行 Setp5；

Setp5：For i=1 to $|C\text{-}RED|$

5.1 按照属性依赖度的大小增加属性 C_i；

5.2 计算增加属性后的等价关系矩阵 $M_{n\times n}^{R_{RED\cup\{C_i\}}}$；

5.3 计算增加属性更新后的对角矩阵：

$$\Lambda_{n\times n}^{R_{RED}\downarrow}=\mathrm{diag}(\lambda_1^+,\lambda_2^+,\cdots,\lambda_n^+)\quad\left(\lambda_1^+=\sum_{j=1}^{n}m_{ij}\right);$$

5.4 计算增加属性后 D 关于 $RED\cup\{C_i\}$ 的正域 $POS_{RED}(D)^{\downarrow}$；

if $POS_C(D)^{\downarrow} = POS_{RED}(D)^{\downarrow}$

Then

$RED^{\downarrow}$=$RED \cup C_i$

End if

End

For ($a' \in RED^{\downarrow}$)

if ($POS_{RED\text{-}\{a'\}}(D)^{\downarrow}$=$POS_{RED}(D)^{\downarrow}$)

Then

$RED^{\downarrow}$=$RED^{\downarrow}$-$\{a'\}$

End if

End

Setp6：输出粗化后的最小属性约简 $RED^{\downarrow}$.

5.2.2 算　例

决策表如表 5-8：论域 U={$x_1, x_2, x_3, x_4, x_5, x_6$}，条件属性 C={a,b,c}，决策属性 D={d}．决策表的属性约简为 {a,b}，如果属性值粗化表示为 $f(x_i,b) = f(x_k,b), 4 \leqslant i \leqslant 6, 1 \leqslant k \leqslant 3$，计算决策表属性值粗化后的约简.

表 5-8　决策表

U	a	b	c	d
x_1	2	2	0	1
x_2	1	2	0	0
x_3	1	2	0	1
x_4	0	0	0	0
x_5	1	0	1	0
x_6	2	0	1	1

（1）计算决策属性的列矩阵 $\boldsymbol{M}_{n\times m}^{D}$：

根据表 5-8 可得决策属性的列矩阵 $\boldsymbol{M}_{n\times m}^{D}$：

$$M_{n\times m}^{D}=\begin{bmatrix}1&0\\0&1\\1&0\\0&1\\0&1\\1&0\end{bmatrix}.$$

（2）增量式更新等价矩阵 $M_{n\times n}^{R_C}$ 和 $M_{n\times n}^{R_{RED}}$：

计算条件属性 C 的等价关系矩阵 $M_{n\times n}^{R_C}$ 为：

$$M_{n\times n}^{R_C}=\begin{bmatrix}1&0&0&0&0&0\\0&1&1&0&0&0\\0&1&1&0&0&0\\0&0&0&1&0&0\\0&0&0&0&1&0\\0&0&0&0&0&1\end{bmatrix}.$$

当属性 b 被删除后，计算删除属性后的等价关系矩阵 $M_{n\times n}^{R_{C-\{b\}}}$：

$$M_{n\times n}^{R_{C-\{b\}}}=\begin{bmatrix}1&0&0&0&0&0\\0&1&1&0&0&0\\0&1&1&0&0&0\\0&0&0&1&0&0\\0&0&0&0&1&0\\0&0&0&0&0&1\end{bmatrix}.$$

当属性 b 的值发生粗化后，计算粗化后的等价关系矩阵 $M_{n\times n}^{R_C\downarrow}$：

$$M_{n\times n}^{R_C\downarrow}=\begin{bmatrix}1&0&0&\mathbf{0}&\mathbf{0}&\mathbf{0}\\0&1&1&\mathbf{0}&\mathbf{0}&\mathbf{0}\\0&1&1&\mathbf{0}&\mathbf{0}&\mathbf{0}\\\mathbf{0}&\mathbf{0}&\mathbf{0}&1&0&0\\\mathbf{0}&\mathbf{0}&\mathbf{0}&0&1&0\\\mathbf{0}&\mathbf{0}&\mathbf{0}&1&0&0\end{bmatrix}.$$

可得条件属性 b 和 RED 的等价关系矩阵 $M_{n\times n}^{R_b}$ 和 $M_{n\times n}^{R_{RED}}$ 为：

$$\boldsymbol{M}_{n\times n}^{R_b}=\begin{bmatrix}1&0&0&0&0&1\\0&1&1&0&1&0\\0&1&1&0&1&0\\0&0&0&1&0&0\\0&1&1&0&1&0\\1&0&0&0&0&1\end{bmatrix},$$

$$\boldsymbol{M}_{n\times n}^{R_{RED}}=\begin{bmatrix}1&0&0&0&0&0\\0&1&1&0&0&0\\0&1&1&0&0&0\\0&0&0&1&0&0\\0&0&0&0&1&0\\0&0&0&0&0&1\end{bmatrix}.$$

当决策表属性值发生粗化后，计算粗化后决策表的等价关系矩阵 $\boldsymbol{M}_{n\times n}^{R_{RED}\downarrow}$：

$$\boldsymbol{M}_{n\times n}^{R_{RED}\downarrow}=\begin{bmatrix}1&0&0&\mathbf{0}&\mathbf{0}&\mathbf{1}\\0&1&1&\mathbf{0}&\mathbf{1}&\mathbf{0}\\0&1&1&\mathbf{0}&\mathbf{1}&\mathbf{0}\\\mathbf{0}&\mathbf{0}&\mathbf{0}&1&0&0\\\mathbf{0}&\mathbf{1}&\mathbf{1}&0&1&0\\\mathbf{1}&\mathbf{0}&\mathbf{0}&0&0&1\end{bmatrix}.$$

（3）计算属性值粗化后决策表约简.

① 分别计算条件属性 C 和约简 RED 的诱导矩阵 $\boldsymbol{\Lambda}_{n\times n}^{R_C\downarrow}$，$\boldsymbol{\Lambda}_{n\times n}^{R_{RED}\downarrow}$：

$$\boldsymbol{\Lambda}_{n\times n}^{R_C\downarrow}=\mathrm{diag}(1/1,1/2,1/2,1/1,1/1,1/1),$$

$$\boldsymbol{\Lambda}_{n\times n}^{R_{RED}\downarrow}=\mathrm{diag}(1/2,1/3,1/3,1/1,1/3,1/2).$$

② 当决策表属性值粗化后，分别计算 D 关于条件属性 C 和约简 RED 的正域：

$$POS_C(D)^{\downarrow}=(\boldsymbol{\Lambda}_{n\times n}^{R_C\downarrow}\cdot(\boldsymbol{M}_{n\times n}^{R_C\downarrow}\cdot\boldsymbol{M}_{n\times m}^{D}))_1=\begin{bmatrix}1&0\\0&1\\1&0\\0&1\\0&1\\1&0\end{bmatrix}.$$

故：

$$POS_C(D)^{\downarrow}=\{x_1,x_2,x_3,x_4,x_5,x_6\},$$

$$POS_{RED}(D)^{\downarrow}=(\boldsymbol{\Lambda}_{n\times n}^{R_{RED}\downarrow}\cdot(\boldsymbol{M}_{n\times n}^{R_{RED}\downarrow}\cdot\boldsymbol{M}_{n\times m}^{D}))_1=\begin{bmatrix}1&0\\0&0\\0&0\\0&1\\0&0\\1&0\end{bmatrix}.$$

故：

$$POS_{RED}(D)^{\downarrow}=\{x_1,x_4,x_6\}.$$

综上：

$$POS_C(D)^{\downarrow}\neq POS_{RED}(D)^{\downarrow}.$$

③ 根据属性依赖度大小，增加属性 c 到 RED 中，由等价关系矩阵 $\boldsymbol{M}_{n\times n}^{R_{RED}}$ 和 $\boldsymbol{M}_{n\times n}^{R_c}$ 增量式计算增加属性后的等价关系矩阵 $\boldsymbol{M}_{n\times n}^{R_{RED\cup\{c\}}}$：

$$\boldsymbol{M}_{n\times n}^{R_{RED\cup\{c\}}}=\begin{bmatrix}1&0&0&0&0&0\\0&1&1&0&0&0\\0&1&1&0&0&0\\0&0&0&1&0&0\\0&0&0&0&1&0\\0&0&0&0&0&1\end{bmatrix}.$$

增加属性后，计算其诱导矩阵 $\Lambda_{n\times n}^{R_{RED\cup\{c\}}}$：

$$\boldsymbol{\Lambda}_{n\times n}^{R_{RED\cup\{c\}}}=\mathrm{diag}(1/1,1/2,1/2,1/1,1/1,1/1),$$

$$POS_{RED}(D)^{\downarrow}=(\boldsymbol{\Lambda}_{n\times n}^{R_{RED\cup\{c\}}\downarrow}\cdot(\boldsymbol{M}_{n\times n}^{R_{RED\cup\{c\}}\downarrow}\cdot\boldsymbol{M}_{n\times m}^{D}))_1=\begin{bmatrix}1&0\\0&1\\1&0\\0&1\\0&1\\1&0\end{bmatrix},$$

$$POS_{RED}(D)^{\downarrow}=\{x_1,x_2,x_3,x_4,x_5,x_6\}.$$

所以：

$$POS_C(D)^{\downarrow}=POS_{RED}(D)^{\downarrow}.$$

则表 5.8 的属性约简为 $\{a,b,c\}$.

5.3 小 结

本章针对决策信息系统中属性值动态变化情况下如何有效更新属性约简的问题，探讨了计算知识粒度和正域的增量更新原理，提出了属性值变化后的动态属性约简算法.

第 6 章　多粒度粗糙集模型动态属性约简算法研究

随着通信、计算机网络和存储等技术的快速发展，人类社会已经迈进了大数据时代. 传统属性约简算法对动态大数据进行属性约简时，由于其具有特征维度高和数据量大的特点，导致算法效率较低甚至无法运行. 针对如何有效更新动态大数据属性约简的问题，利用粒计算理论、多粒度粗糙集模型及“分而治之”方法对大数据中的复杂问题进行抽象和分析处理，从多粒度角度出发设计了多粒度粗糙集模型属性约简算法. 当决策信息系统的对象随着时间发生变化时，探讨了基于多粒度粗糙集模型计算知识粒度的增量更新机制，提出了基于多粒度粗糙集模型的动态属性约简算法. 仿真实验结果验证了所提出的基于多粒度粗糙集模型的动态属性约简算法能够降低大数据计算的复杂度，提高计算效率，从而有效解决了海量动态数据属性约简的问题[165].

6.1　多粒度粗糙集模型属性约简原理与算法

本节，我们首先介绍一些多粒度粗糙集模型中属性约简的一些基本概念和性质[151，152，153，154]. 在多粒度粗糙集模型中，首先从多粒度角度出发分析了知识粒度的表示形式和属性约简更新的原理，最后利用“分而治之”技术设计了基于多粒度粗糙集模型的属性约简算法.

6.1.1 多粒度粗糙集模型属性约简原理

定义 6.1 假设 $B=\{b_1,b_2,\cdots,b_l\}$ 是决策信息系统的非空属性子集，对于任意对象 $x\in U$，则属性集 B 的信息集定义为：

$$\vec{x}_B=<f(x,b_1),f(x,b_2),\cdots,f(x,b_l)>. \tag{6-1}$$

定义 6.2 决策信息系统非空属性子集 B 的等价关系也称为不可区分关系，用 $IND(B)$ 表示为：

$$IND(B)=\{(x,y)\mid(x,y)\in U\times U,\vec{x}_B=\vec{y}_B\}. \tag{6-2}$$

定义 6.3 假设 $B=\{b_1,b_2,\cdots,b_l\}$ 是决策信息系统的非空属性子集，对于任意等价类 $E\in U/B$，则属性集 B 的信息集定义为：

$$\vec{E}_B=\vec{x}_B,x\in U. \tag{6-3}$$

定义 6.4 已知一个决策信息系统 $S=(U,A=C\cup D,V,f)$，假设 $S_i=(U_i,A=C\cup D,V,f)$，$\forall i\in(1,2,\cdots,m)$. 决策信息系统的划分必须满足下面两个条件：

（1）$U=\bigcup_{i=1}^{m}U_i$；

（2）$U_j\cap U_k\neq\varnothing,\forall j,k\in(1,2,\cdots,m)$，

它表示决策信息系统被分成 m 个子决策信息系统.

定理 6.1 $S_1=(U_1,A=C\cup D,V,f)$ 和 $S_2=(U_2,A=C\cup D,V,f)$ 是两个决策信息系统，决策决策信息系统 S_1 和决策信息系统 S_2 的等价类分别为 $E\in U_1/C$ 和 $F\in U_2/C$，那么下面两个结论成立：

（1）如果 $\vec{E}=\vec{F}$，则表示等价类 E 和等价类 F 能够合并成一个新的等价类 G，$G=E\cup F$ 且 $\vec{G}=\vec{E}=\vec{F}$；

（2）如果 $\vec{E}\neq\vec{F}$，则表示等价类 E 和等价类 F 不能够合并成一个新的等价类.

定理 6.2 已知一个决策信息系统 $S=(U,A=C\cup D,V,f)$，且 $S=\bigcup_{i=1}^{m}S_i$，$S_i=(U_i,A=C\cup D,V,f)$，$U/C=\{E_1,E_2,\cdots,E_t\}$，$U_i/C=\{E_{i1},E_{i2},\cdots,E_{ip_i}\}$，

$\forall i \in (1,2,\cdots,m)$　和　$E_{all} = \bigcup_{i=1}^{m} U_i / C = \{E_{11}, E_{12}, \cdots, E_{1p_1}, E_{21}, E_{22}, \cdots, E_{2p_2}, \cdots, E_{m1},$ $E_{m2}, \cdots, E_{mp_m}\}$，那么，$E_j \in U/C$，则多个等价类合并为：

$$E_j = \bigcup \{F \in E_{all} \mid \vec{F}_C = \vec{E}_{jC}\}, j \in (1,2,\cdots,t). \tag{6-4}$$

例 6.1　已知一个决策信息系统 $S=(U, A=C \cup D, V, f)$，且 $S=\bigcup_{i=1}^{3} S_i$，其中 $S_i=(U_i, A=C \cup D, V, f)$（$i=1, 2, 3$），表 6-1，表 6-2 和表 6-3 是 3 个子决策信息系统，3 个子决策信息系统的论域分别为 $U_1=\{1,2,3\}$，$U_2=\{4,5,6\}$ 和 $U_3=\{7,8,9\}$，条件属性和决策属性分别为 $C=\{a,b,c,e,f\}$ 及 $D=\{d\}$.

表 6-1 一个子决策信息系统

U_1	a	b	c	e	f	d
1	0	1	1	1	0	1
2	1	1	0	1	0	1
3	1	0	0	0	1	0

表 6-2 一个子决策信息系统

U_2	a	b	c	e	f	d
4	1	1	0	1	0	1
5	1	0	0	0	1	0
6	0	1	1	1	1	0

表 6-3 一个子决策信息系统

U_3	a	b	c	e	f	d
7	0	1	1	1	1	0
8	1	0	0	1	0	1
9	1	0	0	1	0	0

根据表 6-1，6-2 和 6-3 可得：

$U_1=\{1,2,3\}$，$U_2=\{4,5,6\}$ 和 $U_3=\{7,8,9\}$；

$E_1=\bigcup\{F\in E_{all}\mid \vec{F}_C=\vec{E}_{1C}\}=\{1\}$，

$E_2=\bigcup\{F\in E_{all}\mid \vec{F}_C=\vec{E}_{2C}\}=\{2\}\cup\{4\}=\{2,4\}$，

$E_3=\bigcup\{F\in E_{all}\mid \vec{F}_C=\vec{E}_{3C}\}=\{3\}\cup\{5\}=\{3,5\}$，

$E_4=\bigcup\{F\in E_{all}\mid \vec{F}_C=\vec{E}_{4C}\}=\{6\}\cup\{7\}=\{6,7\}$，

$E_5=\bigcup\{F\in E_{all}\mid \vec{F}_C=\vec{E}_{5C}\}=\{8,9\}$.

定义 6.4 已知一个决策信息系统 $S=(U,A=C\cup D,V,f)$，$S=\bigcup_{i=1}^{m}S_i$ 且 $U=\bigcup_{i=1}^{m}U_i$，$S_i=(U_i,A=C\cup D,V,f)$，$U/C=\{E_1,E_2,\cdots,E_t\}$，$U_i/C=\{E_{i1},E_{i2},\cdots,E_{ip_i}\}$，$\forall i\in(1,2,\cdots,m)$. 假设

$$E_{all}=\bigcup_{i=1}^{m}U_i/C=\{E_{11},E_{12},\cdots,E_{1p_1},E_{21},E_{22},\cdots,E_{2p_2},\cdots,E_{m1},E_{m2},\cdots,E_{mp_m}\},$$

其中，$E_j=\bigcup\{F\in E_{all}\mid \vec{F}_C=\vec{E}_{jC}\},j\in(1,2,\cdots,t)$. m 个子决策信息系统合并后条件属性的知识粒度为：

$$GP_U(C)=\frac{1}{\left|\bigcup_{i=1}^{m}U_i\right|^2}\sum_{i=1}^{t}\left|\bigcup\{F\in E_{all}\mid \vec{F}_C=\vec{E}_{iC}\}\right|^2. \tag{6-5}$$

定义 6.5 已知一个决策信息系统 $S=(U,A=C\cup D,V,f)$，$S=\bigcup_{i=1}^{m}S_i$ 且 $U=\bigcup_{i=1}^{m}U_i$，$S_i=(U_i,A=C\cup D,V,f)$，$U/C\cup D=\{H_1,H_2,\cdots,H_k\}$ 和 $U_i/C\cup D=\{H_{i1},H_{i2},\cdots,H_{ip_i}\}$，$\forall i\in(1,2,\cdots,m)$. 假设

$$H_{all}=\bigcup_{i=1}^{m}U_i/C\cup D=\{H_{11},\cdots,H_{1p_1},H_{21},\cdots,H_{2p_2},\cdots,H_{m1},\cdots,H_{mp_m}\}.$$

其中，$H_j=\bigcup\{G\in H_{all}\mid \vec{G}_{C\cup D}=\vec{E}_{j(C\cup D)}\},j\in(1,2,\cdots,k)$. m 个子决策信息系统合并后条件属性和决策属性的知识粒度为：

$$GP_U(C\cup D)=\frac{1}{\left|\bigcup_{i=1}^{m}U_i\right|^2}\sum_{i=1}^{k}\left|\bigcup\{G\in H_{all}\mid \vec{G}_{C\cup D}=\vec{E}_{j(C\cup D)}\}\right|^2. \quad (6\text{-}6)$$

定义 6.6　已知一个决策信息系统 $S=(U,A=C\cup D,V,f)$，$S=\bigcup_{i=1}^{m}S_i$ 且 $U=\bigcup_{i=1}^{m}U_i$，$S_i=(U_i,A=C\cup D,V,f)$，$U/C=\{E_1,E_2,\cdots,E_t\}$，$U_i/C=\{E_{i1},E_{i2},\cdots,E_{ip_i}\}$，$U/C\cup D=\{H_1,H_2,\cdots,H_k\}$ 和 $U_i/C\cup D=\{H_{i1},H_{i2},\cdots,H_{ip_i}\}$，$\forall i\in(1,2,\cdots,m)$. 假设

$$E_{all}=\bigcup_{i=1}^{m}U_i/C=\{E_{11},\cdots,E_{1p_1},E_{21},\cdots,E_{2p_2},\cdots,E_{m1},\cdots,E_{mp_m}\},$$

$$H_{all}=\bigcup_{i=1}^{m}U_i/C\cup D=\{H_{11},\cdots,H_{1p_1},H_{21},\cdots,H_{2p_2},\cdots,H_{m1},\cdots,H_{mp_m}\}.$$

其中，$E_i=\bigcup\{F\in E_{all}\mid \vec{F}_C=\vec{E}_{iC}\}$，$H_i=\bigcup\{G\in H_{all}\mid \vec{G}_{C\cup D}=\vec{E}_{i(C\cup D)}\}$. m 个子决策信息系统合并后属性 D 关于条件属性 C 的相对知识粒度为：

$$GP_U(D\mid C)=\frac{1}{\left|\bigcup_{i=1}^{m}U_i\right|^2}\left(\sum_{i=1}^{t}\left|\bigcup\{F\in E_{all}\mid \vec{F}_C=\vec{E}_{iC}\}\right|^2-\sum_{i=1}^{k}\left|\bigcup\{G\in H_{all}\mid \vec{G}_{C\cup D}=\vec{E}_{i(C\cup D)}\}\right|^2\right). \quad (6\text{-}7)$$

6.1.2　多粒度粗糙集模型属性约简算法

根据 6.1.1 的定义和定理，提出了多粒度粗糙集模型启发式属性约简算法，多粒度粗糙集模型属性约简算法框架图如图 6-1 所示，算法的具体步骤如算法 6.1 所述.

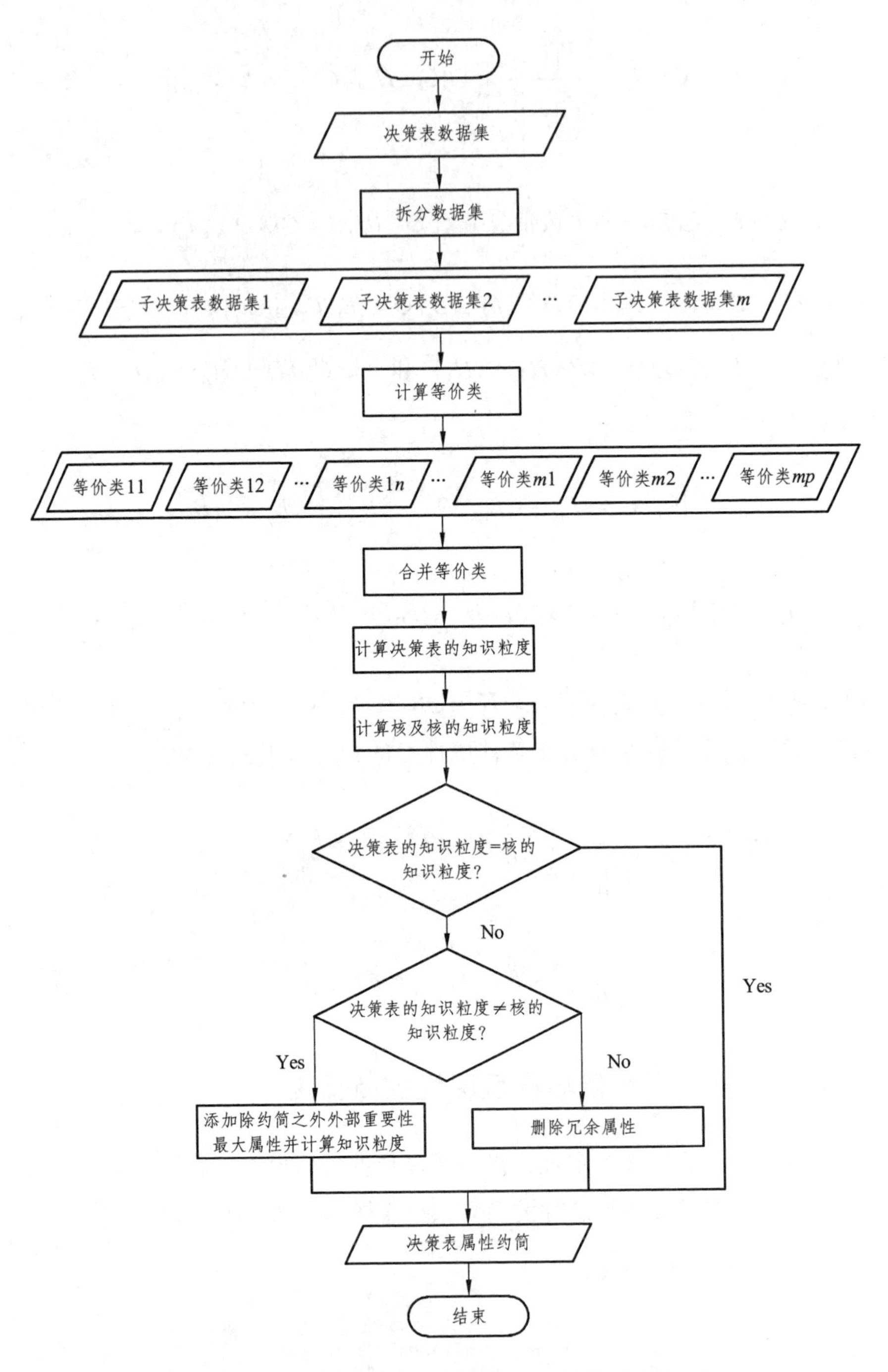

图 6-1　多粒度粗糙集模型属性约简算法框架图

Algorithm 6.1: A Heuristic Reduction Algorithm based on knowledge granularity with a Multi-granulation view (HRAM)

```
   Input: S = (U, C ∪ D, V, f) is a decision system and S = ∪_{i=1}^m S_i, where S_i = (U_i, C ∪ D, V, f).
   Output: A reduct RED_{∪_{i=1}^m U_i} on ∪_{i=1}^m U_i.
1  begin
2      RED_{∪_{i=1}^m U_i} ← ∅;
3      for (i = 1; i ≤ |C|; i++) do
4          Calculate Sig^{inner}_{∪_{i=1}^m U_i}(a_i, C, D);
5          if Sig^{inner}_{∪_{i=1}^m U_i}(a_i, C, D) > 0 then
6              RED_{∪_{i=1}^m U_i} ← (RED_{∪_{i=1}^m U_i} ∪ {a_i});
7          end
8      end
9      Let B ← RED_{∪_{i=1}^m U_i};
10     Calculate GP_{∪_{i=1}^m U_i}(D|B), and GP_{∪_{i=1}^m U_i}(D|C);
11     while GP_{∪_{i=1}^m U_i}(D|B) ≠ GP_{∪_{i=1}^m U_i}(D|C) do
12         for each a_i ∈ (C − B) do
13             Calculate Sig^{outer}_{∪_{i=1}^m U_i}(a, B, D);
14             a_0 = max{Sig^{outer}_{∪_{i=1}^m U_i}(a, B, D), a ∈ (C − B)};
15             B ← (B ∪ {a_0});
16         end
17     end
18     for each a_i ∈ B do
19         if GP_{∪_{i=1}^m U_i}(D|(B − {a_i})) = GP_{∪_{i=1}^m U_i}(D|C) then
20             B ← (B − {a_i});
21         end
22     end
23     RED_{∪_{i=1}^m U_i} ← B;
24     return reduct RED_{∪_{i=1}^m U_i};
25 end
```

6.2　对象增加时多粒度粗糙集模型动态属性约简原理与算法

6.2.1　对象增加时多粒度粗糙集模型动态属性约简原理

定理 6.3　已知一个决策信息系统 $S=(U,A=C\cup D,V,f)$，

$$S=\bigcup_{i=1}^{m}S_i\ ,\quad S_i=(U_i,A=C\cup D,V,f)\ ,$$

$$U/C=\{\bigcup\{F\in E_{all}\mid \vec{F}_C=\vec{E}_{1C}\},\cdots,\bigcup\{F\in E_{all}\mid \vec{F}_C=\vec{E}_{tC}\}\}\ .$$

假设 U_X 是增量对象集，$U_X/C=\{Y_1,Y_2,\cdots,Y_{t'}\}$．根据上面等价类可得：

$$\begin{aligned}U\cup U_X/C=\{&\bigcup\{F\in E_{all}\mid \vec{F}_C=\vec{E}_{1C}\}\cup\vec{Y}_1,\cdots,\bigcup\{F\in E_{all}\mid \vec{F}_C=\vec{E}_{kC}\}\cup\vec{Y}_k\},\\&\bigcup\{F\in E_{all}\mid \vec{F}_C=\vec{E}_{(k+1)C}\},\cdots,\bigcup\{F\in E_{all}\mid \vec{F}_C=\vec{E}_{tC}\},\vec{Y}_{k+1},\vec{Y}_{k+2},\cdots,\vec{Y}_{t'}\}\ .\end{aligned}$$

决策信息系统增加对象后条件属性的知识粒度为：

$$GP_{U\cup U_X}(C)=\frac{1}{\left|U\cup U_X\right|^2}\left(\sum_{i=1}^{k}\left|\bigcup\{F\in E_{all}\mid \vec{F}_C=\vec{E}_{iC}\}\cup\vec{Y}_i\right|^2+\right.$$

$$\left.\sum_{i=k+1}^{t}\left|\bigcup\{F\in E_{all}\mid \vec{F}_C=\vec{E}_{iC}\}\right|^2+\sum_{i=k+1}^{t'}\left|\vec{Y}_i\right|^2\right). \quad (6\text{-}8)$$

定理 6.4 $S=(U,A=C\cup D,V,f)$ 是一个决策信息系统，

$$S=\bigcup_{i=1}^{m}S_i,\quad S_i=(U_i,A=C\cup D,V,f),$$

$$U/C\cup D=\{\bigcup\{G\in H_{all}\mid \vec{G}_C=\vec{H}_{1C}\},\cdots,\bigcup\{G\in H_{all}\mid \vec{G}_C=\vec{H}_{sC}\}\}.$$

设U_X是增量对象集，$U_X/C\cup D=\{X_1,X_2,\cdots,X_{s'}\}$. 根据上面等价类可得：

$$U\cup U_X/C\cup D=\{\bigcup\{G\in H_{all}\mid \vec{G}_C=\vec{H}_{1C}\}\cup\vec{X}_1,\cdots,\bigcup\{G\in H_{all}\mid \vec{G}_C=\vec{H}_{kC}\}\cup\vec{X}_k\},$$

$$\bigcup\{G\in H_{all}\mid \vec{G}_C=\vec{H}_{(k+1)C}\},\cdots,\bigcup\{G\in H_{all}\mid \vec{G}_C=\vec{H}_{sC}\},\vec{X}_{k+1},\vec{X}_{k+2},\cdots,\vec{X}_{s'}\}.$$

决策信息系统增加对象后的条件属性和决策属性的知识粒度为：

$$GP_{U\cup U_X}(C\cup D)=\frac{1}{\left|U\cup U_X\right|^2}\left(\sum_{i=1}^{k}\left|\bigcup\{G\in H_{all}\mid \vec{G}_C=\vec{H}_{iC}\}\cup\vec{X}_i\right|^2+\right.$$

$$\left.\sum_{i=k+1}^{s}\left|\bigcup\{G\in H_{all}\mid \vec{G}_C=\vec{H}_{iC}\}\right|^2+\sum_{i=k+1}^{s'}\left|\vec{X}_i\right|^2\right). \quad (6\text{-}9)$$

定理 6.5 $S=(U,A=C\cup D,V,f)$ 是一个决策信息系统，

$$S=\bigcup_{i=1}^{m}S_i,\quad S_i=(U_i,A=C\cup D,V,f),$$

$$U/C=\{\bigcup\{F\in E_{all}\mid \vec{F}_C=\vec{E}_{1C}\},\cdots,\bigcup\{F\in E_{all}\mid \vec{F}_C=\vec{E}_{tC}\}\},$$

$$U/C\cup D=\{\bigcup\{G\in H_{all}\mid \vec{G}_C=\vec{H}_{1C}\},\cdots,\bigcup\{G\in H_{all}\mid \vec{G}_C=\vec{H}_{sC}\}\}.$$

假设U_X是增量对象集，$U_X/C=\{Y_1,Y_2,\cdots,Y_{t'}\}$，$U_X/C\cup D=\{X_1,X_2,\cdots,X_{s'}\}$. 根据上面等价类可得：

$$U\cup U_X/C=\{\bigcup\{F\in E_{all}\mid \vec{F}_C=\vec{E}_{1C}\}\cup\vec{Y}_1,\cdots,\bigcup\{F\in E_{all}\mid \vec{F}_C=\vec{E}_{kC}\}\cup\vec{Y}_k\},\bigcup\{F\in E_{all}$$

$$\mid \vec{F}_C=\vec{E}_{(k+1)C}\},\cdots,\bigcup\{F\in E_{all}\mid \vec{F}_C=\vec{E}_{tC}\},\vec{Y}_{k+1},\vec{Y}_{k+2},\cdots,\vec{Y}_{t'}\},$$

$$U\cup U_X/C\cup D=\{\bigcup\{G\in H_{all}\mid \vec{G}_C=\vec{H}_{1C}\}\cup\vec{X}_1,\cdots,\bigcup\{G\in H_{all}\mid \vec{G}_C=\vec{H}_{kC}\}\cup\vec{X}_k\},$$

$\bigcup\{G\in H_{all}\mid\vec{G}_C=\vec{H}_{(k+1)C}\},\cdots,\bigcup\{G\in H_{all}\mid\vec{G}_C=\vec{H}_{sC}\},\ \vec{X}_{k+1},\vec{X}_{k+2},\cdots,\vec{X}_{s'}\}$.

决策信息系统增加对象后决策属性 D 关于条件属性 C 的相对知识粒度为：

$$GP_{U\cup U_X}(D\mid C)=\frac{1}{\left|U\cup U_X\right|^2}\left(\sum_{i=1}^{k}\left|\bigcup\{F\in E_{all}\mid\vec{F}_C=\vec{E}_{iC}\}\cup\vec{Y}_i\right|^2+\right.$$
$$\sum_{i=k+1}^{t}\left|\bigcup\{F\in E_{all}\mid\vec{F}_C=\vec{E}_{iC}\}\right|^2+\sum_{i=k+1}^{t'}\left|\vec{Y}_i\right|^2-\sum_{i=k+1}^{s'}\left|\vec{X}_i\right|^2-$$
$$\sum_{i=1}^{k}\left|\bigcup\{G\in H_{all}\mid\vec{G}_C=\vec{H}_{iC}\}\cup\vec{X}_i\right|^2-$$
$$\left.\sum_{i=k+1}^{s}\left|\bigcup\{G\in H_{all}\mid\vec{G}_C=\vec{H}_{iC}\}\right|^2\right).\qquad(6\text{-}10)$$

证明　由定义 2.7 可得：

$$GP_{U\cup U_X}(D\mid C)=GP_{U\cup U_X}(C)-GP_{U\cup U_X}(C\cup D),$$

$$GP_{U\cup U_X}(D\mid C)=\frac{1}{\left|U\cup U_X\right|^2}\left(\sum_{i=1}^{k}\left|\bigcup\{F\in E_{all}\mid\vec{F}_C=\vec{E}_{iC}\}\cup\vec{Y}_i\right|^2+\right.$$
$$\left.\sum_{i=k+1}^{t}\left|\bigcup\{F\in E_{all}\mid\vec{F}_C=\vec{E}_{iC}\}\right|^2+\sum_{i=k+1}^{t'}\left|\vec{Y}_i\right|^2\right)-$$
$$\frac{1}{\left|U\cup U_X\right|^2}\left(\sum_{i=1}^{k}\left|\bigcup\{G\in H_{all}\mid\vec{G}_C=\vec{H}_{iC}\}\cup\vec{X}_i\right|^2+\right.$$
$$\left.\sum_{i=k+1}^{s}\left|\bigcup\{G\in H_{all}\mid\vec{G}_C=\vec{H}_{iC}\}\right|^2+\sum_{i=k+1}^{s'}\left|\vec{X}_i\right|^2\right)$$
$$=\frac{1}{\left|U\cup U_X\right|^2}\left(\sum_{i=1}^{k}\left|\bigcup\{F\in E_{all}\mid\vec{F}_C=\vec{E}_{iC}\}\cup\vec{Y}_i\right|^2+\right.$$
$$\sum_{i=k+1}^{t}\left|\bigcup\{F\in E_{all}\mid\vec{F}_C=\vec{E}_{iC}\}\right|^2+\sum_{i=k+1}^{t'}\left|\vec{Y}_i\right|^2-\sum_{i=k+1}^{s'}\left|\vec{X}_i\right|^2-$$
$$\sum_{i=1}^{k}\left|\bigcup\{G\in H_{all}\mid\vec{G}_C=\vec{H}_{iC}\}\cup\vec{X}_i\right|^2-$$
$$\left.\sum_{i=k+1}^{s}\left|\bigcup\{G\in H_{all}\mid\vec{G}_C=\vec{H}_{iC}\}\right|^2\right).$$

定理 6.3 得证.

6.2.2 对象增加时多粒度粗糙集模型动态属性约简算法

当在决策信息系统中添加一些对象时，根据 6.2.1 计算决策信息系统知识粒度的增量更新机制，设计了决策信息系统对象增加时基于多粒度粗糙集模型的动态属性约简算法，算法的具体步骤如算法 6.2 所述：

Algorithm 6.2: Updating Attribute Reduction algorithm when Adding some Objects with a multi-granulation view (UARAO)

Input: $S=(U,C\cup D,V,f)$ is a decision system and $S=\cup_{i=1}^{m}S_i$, where $S_i=(U_i,C\cup D,V,f)$, the reduct $RED_{\cup_{i=1}^{m}U_i}$ on $\cup_{i=1}^{m}U_i$, and the incremental object set U_X.

Output: A new reduct $RED_{(\cup_{i=1}^{m}U_i\cup U_X)}$ on $(\cup_{i=1}^{m}U_i\cup U_X)$.

1 **begin**
2 　$B\leftarrow RED_{\cup_{i=1}^{m}U_i}$, **Calculate** U_X/B, U_X/C;
3 　**Calculate** $(\cup_{i=1}^{m}U_i\cup U_X)/C$, $(\cup_{i=1}^{m}U_i\cup U_X)/(C\cup D)$;
4 　**Calculate** $GP_{U_X}(D|B)$ and $GP_{U_X}(D|C)$;
5 　**if** $GP_{U_X}(D|B)=GP_{U_X}(D|C)$ **then**
6 　　**go to** 22;
7 　**else**
8 　　**go to** 10;
9 　**end**
10 　**while** $GP_{(\cup_{i=1}^{m}U_i\cup U_X)}(D|B)\neq GP_{(\cup_{i=1}^{m}U_i\cup U_X)}(D|C)$ **do**
11 　　**for** *each* $a_i\in(C-B)$ **do**
12 　　　**Calculate** $Sig_{(\cup_{i=1}^{m}U_i\cup U_X)}^{outer}(a,B,D)$;
13 　　　$a_0=max\left\{Sig_{\cup_{i=1}^{m}U_i\cup U_X}^{outer}(a,B,D),a\in(C-B)\right\}$;
14 　　　$B\leftarrow(B\cup\{a_0\})$;
15 　　**end**
16 　**end**
17 　**for** *each* $a_i\in B$ **do**
18 　　**if** $GP_{(\cup_{i=1}^{m}U_i\cup U_X)}(D|(P-\{a\}))=GP_{(\cup_{i=1}^{m}U_i\cup U_X)}(D|C)$ **then**
19 　　　$B\leftarrow(B-\{a_i\})$;
20 　　**end**
21 　**end**
22 　$RED_{(\cup_{i=1}^{m}U_i\cup U_X)}\leftarrow B$;
23 　**return** *reduct* $RED_{(\cup_{i=1}^{m}U_i\cup U_X)}$;
24 **end**

6.3 对象删除时多粒度粗糙集模型动态属性约简原理与算法

6.3.1 对象删除时多粒度粗糙集模型动态属性约简原理

定理 6.6 已知一个决策信息系统 $S=(U,A=C\cup D,V,f)$，

$$S=\bigcup_{i=1}^{m}S_i\ ,\quad S_i=(U_i,A=C\cup D,V,f)\ ,$$

$$U/C=\{\bigcup\{F\in E_{all}\mid\vec{F}_C=\vec{E}_{1C}\},\cdots,\bigcup\{F\in E_{all}\mid\vec{F}_C=\vec{E}_{tC}\}\}\ .$$

假设 U_X 是删除集，$U_X/C=\{Y_1,Y_2,\cdots,Y_k\}$. 根据上面等价类可得：

$$U-U_X/C=\{\bigcup\{F\in E_{all}\mid\vec{F}_C=\vec{E}_{1C}\}-\vec{Y}_1,\cdots,\bigcup\{F\in E_{all}\mid\vec{F}_C=\vec{E}_{kC}\}-\vec{Y}_k\},$$
$$\bigcup\{F\in E_{all}\mid\vec{F}_C=\vec{E}_{(k+1)C}\},\cdots,\bigcup\{F\in E_{all}\mid\vec{F}_C=\vec{E}_{tC}\}\}.$$

决策信息系统中多个对象被删除后条件属性的知识粒度为：

$$GP_{U-U_X}(C)=\frac{1}{\left|U-U_X\right|^2}\left(\sum_{i=1}^{k}\left|\bigcup\{F\in E_{all}\mid\vec{F}_C=\vec{E}_{iC}\}-\vec{Y}_i\right|^2+\right.$$
$$\left.\sum_{i=k+1}^{t}\left|\bigcup\{F\in E_{all}\mid\vec{F}_C=\vec{E}_{iC}\}\right|^2\right\}.\tag{6-11}$$

定理 6.7　$S=(U,A=C\cup D,V,f)$ 是一个决策信息系统，

$$S=\bigcup_{i=1}^{m}S_i\text{，}\quad S_i=(U_i,A=C\cup D,V,f)\text{，}$$

$$U/C\cup D=\{\bigcup\{G\in H_{all}\mid\vec{G}_C=\vec{H}_{1C}\},\cdots,\bigcup\{G\in H_{all}\mid\vec{G}_C=\vec{H}_{sC}\}\}.$$

假设 U_X 是删除对象集，$U_X/C\cup D=\{X_1,X_2,\cdots,X_p\}$. 根据上面等价类可得：

$$U-U_X/C\cup D=\{\bigcup\{G\in H_{all}\mid\vec{G}_C=\vec{H}_{1C}\}-\vec{X}_1,\cdots,\bigcup\{G\in H_{all}\mid\vec{G}_C=\vec{H}_{pC}\}-\vec{X}_p\},$$
$$\bigcup\{G\in H_{all}\mid\vec{G}_C=\vec{H}_{(p+1)C}\},\cdots,\bigcup\{G\in H_{all}\mid\vec{G}_C=\vec{H}_{sC}\}\}.$$

决策信息系统中多个对象被删除后条件属性和决策属性的知识粒度为：

$$GP_{U-U_X}(C\cup D)=\frac{1}{\left|U-U_X\right|^2}\left(\sum_{i=1}^{p}\left|\bigcup\{G\in H_{all}\mid\vec{G}_C=\vec{H}_{iC}\}-\vec{X}_i\right|^2+\right.$$
$$\left.\sum_{i=p+1}^{s}\left|\bigcup\{G\in H_{all}\mid\vec{G}_C=\vec{H}_{iC}\}\right|^2\right).\tag{6-12}$$

定理 6.8　$S=(U,A=C\cup D,V,f)$ 是一个决策信息系统，

$$S=\bigcup_{i=1}^{m}S_i\text{，}\quad S_i=(U_i,A=C\cup D,V,f)\text{，}$$

$$U/C=\{\bigcup\{F\in E_{all}\mid\vec{F}_C=\vec{E}_{1C}\},\cdots,\bigcup\{F\in E_{all}\mid\vec{F}_C=\vec{E}_{tC}\}\}\text{，}$$
$$U/C\cup D=\{\bigcup\{G\in H_{all}\mid\vec{G}_C=\vec{H}_{1C}\},\cdots,\bigcup\{G\in H_{all}\mid\vec{G}_C=\vec{H}_{sC}\}\}.$$

假设 U_X 是删除对象集，$U_X/C=\{Y_1,Y_2,\cdots,Y_k\}$，$U_X/C\cup D=\{X_1,X_2,\cdots,X_p\}$.
根据上面等价类可得：

$$U-U_X/C=\{\bigcup\{F\in E_{all}\mid\vec{F}_C=\vec{E}_{1C}\}-\vec{Y}_1,\cdots,\bigcup\{F\in E_{all}\mid\vec{F}_C=\vec{E}_{kC}\}-\vec{Y}_k\},$$
$$\bigcup\{F\in E_{all}\mid\vec{F}_C=\vec{E}_{(k+1)C}\},\cdots,\bigcup\{F\in E_{all}\mid\vec{F}_C=\vec{E}_{tC}\}\}\text{，}$$

$$U-U_X/C\cup D=\{\bigcup\{G\in H_{all}\mid \vec{G}_C=\vec{H}_{1C}\}-\vec{X}_1,\cdots,\bigcup\{G\in H_{all}\mid \vec{G}_C=\vec{H}_{pC}\}-\vec{X}_p\},$$
$$\bigcup\{G\in H_{all}\mid \vec{G}_C=\vec{H}_{(p+1)C}\},\cdots,\bigcup\{G\in H_{all}\mid \vec{G}_C=\vec{H}_{sC}\}\}.$$

决策信息系统中多个对象被删除后决策属性 D 关于条件属性 C 的相对知识粒度为：

$$GP_{U-U_X}(D\mid C)=\frac{1}{\left|U-U_X\right|^2}\left(\sum_{i=1}^{k}\left|\bigcup\{F\in E_{all}\mid \vec{F}_C=\vec{E}_{iC}\}-\vec{Y}_i\right|^2+\sum_{i=k+1}^{t}\left|\bigcup\{F\in E_{all}\mid \vec{F}_C=\vec{E}_{iC}\}\right|^2-\right.$$
$$\left.\sum_{i=1}^{p}\left|\bigcup\{G\in H_{all}\mid \vec{G}_C=\vec{H}_{iC}\}-\vec{X}_i\right|^2-\sum_{i=p+1}^{s}\left|\bigcup\{G\in H_{all}\mid \vec{G}_C=\vec{H}_{iC}\}\right|^2\right).\tag{6-13}$$

6.3.2 对象删除时多粒度粗糙集模型动态属性约简算法

当随机删除决策信息系统中的多个对象时，根据 6.3.1 计算决策信息系统知识粒度的增量更新机制，设计了决策信息系统中多个对象被删除后的基于多粒度粗糙集模型的动态属性约简算法，算法的具体步骤如算法 6.3 所述.

Algorithm 6.3: Updating Attribute Reduction algorithm when Deleting some Objects from the decision system with a multi-granulation view (UARDO)

Input: $S=(U,C\cup D,V,f)$ is a decision system and $S=\cup_{i=1}^{m}S_i$, where $S_i=(U_i,C\cup D,V,f)$, the reduct $RED_{\cup_{i=1}^{m}U_i}$ on $\cup_{i=1}^{m}U_i$, and the deleted object set U_X.
Output: A new reduct $RED_{(\cup_{i=1}^{m}U_i-U_X)}$ on $(\cup_{i=1}^{m}U_i-U_X)$.

1 **begin**
2 $B\leftarrow RED_{\cup_{i=1}^{m}U_i}$, calculate U_X/C, $U_X/(C\cup D)$;
3 **Calculate** $(\cup_{i=1}^{m}U_i-U_X)/C$ and $(\cup_{i=1}^{m}U_i-U_X)/(C\cup D)$;
4 **Calculate** $GP_{(\cup_{i=1}^{m}U_i-U_X)}(D|C)$;
5 **for** *each* $a_i\in P$ **do**
6 **if** $GP_{(\cup_{i=1}^{m}U_i-U_X)}(D|(P-\{a\}))=GP_{(\cup_{i=1}^{m}U_i-U_X)}(D|C)$ **then**
7 $B\leftarrow(B-\{a_i\})$;
8 **end**
9 **end**
10 $RED_{(\cup_{i=1}^{m}U_i-U_X)}\leftarrow B$;
11 **return** *reduct* $RED_{(\cup_{i=1}^{m}U_i-U_X)}$;
12 **end**

6.4 算法复杂度分析

本节介绍算法 6.1（HARM）、算法 6.2（UARAO）和算法 6.3（UARDO）的时间复杂度.

（1）算法 6.2（UARAO）的时间复杂度分析如下：当在决策信息系统中添加一些对象时，多粒度动态属性约简算法和非动态属性约简算法的总的时间复杂度分别为：$O(|C||U||U_X|+|C||U_X|^2)$ 和 $O\left(m\left(|C|\left(\frac{|U|}{m}+|U_X|\right)^2\right)+|C|\left(\frac{|U|}{m}+|U_X|\right)\right)$.

（2）算法 6.3（UARDO）的时间复杂度分析如下：当随机删除决策信息系统中多个对象时，多粒度动态属性约简算法和非动态属性约简算法的总的时间复杂度分别为：$O(|C||U||U_X|+|C||U_X|^2)$ 和 $O\left(m\left(|C|\left(\frac{|U|}{m}+|U_X|\right)^2\right)+|C|\left(\frac{|U|}{m}+|U_X|\right)\right)$.

算法 HARM、算法 UARAO 和算法 UARDO 的时间复杂度比较如表 6-4 所示：

表 6-4　算法 HARM、UARAO 和 UARDO 的时间复杂度比较

属性约简算法	时间复杂度
算法 HARM	$O\left(m\left(|C|\left(\frac{|U|}{m}+|U_X|\right)^2\right)+|C|\left(\frac{|U|}{m}+|U_X|\right)\right)$
算法 UARAO	$O(|C||U||U_X|+|C||U_X|^2)$
算法 UARDO	$O(|C||U||U_X|+|C||U_X|^2)$

从表 6-4 可以明显看到，当决策信息系统增加多个对象后非动态属性约简算法 HARM 的时间复杂度远远大于动态属性约简算法 UARAO 的时间复杂度；当决策信息系统删除多个对象后非动态属性约简算法 HARM 的时间复杂度大于动态属性约简算法 UARDO 的时间复杂度，从而说明所提出的基于多粒度粗糙集模型的动态属性约简算法是能够有效处理动态变化数据集的.

6.5 实验方案与性能分析

6.5.1 实验方案

我们从UCI机器学习公用数据集上下载了6组UCI机器学习数据集进行仿真实验. 下载的6组数据集的详细描述如表6-5所示. 基于多粒度粗糙集模型的动态属性约简算法的代码用Eclipse, JAVA, JDK1.6编写而成. 仿真实验的计算机硬件和软件环境配置为：CPU：Inter Core2 Quad Q8200, 2.66 GHz，内存：4.0 GB；操作系统：32-bit Windows 7. 本章主要针对完备数据集中属性约简动态更新问题来处理，因此，对于不完备数据集中具有缺失数值的问题，在仿真实验过程中把它们直接删除即可. 我们在数据集中随机增加或删除多个对象后，并用所提出的基于多粒度模型的动态、非动态属性约简算法进行测试. 在实验过程中，由于计算机运行时间不稳定，为了让测试时间更具有代表性，我们把多次运行的时间取平均值作为属性约简的计算时间,本章取10次运行时间的平均值作为实验最终结果值. 另外，为了方便实验，在实验过程中，m 的值为3.

表 6-5 数据集描述

序号	数据集	对象数	属性数	决策类数
1	Ticdata2000	5822	85	2
2	Nursery	12960	8	5
3	Shuttle	58000	9	7
4	Connect	67557	42	3
5	Covtype	581012	54	7
6	Poker-hand	1025010	10	10

我们进行了一系列实验来验证所提出的基于多粒度粗糙集模型的动态属性约简算法的有效性.

（1）针对不同数据，分别用多粒度粗糙集模型属性约简算法HRAM和粗糙集属性约简算法 CAR 运行每一个数据集，并对实验仿真结果进行比较，具体实验方案如下：

针对不同的数据集，用粗糙集属性约简算法 CAR 运行每一个数据集，另外，把每个数据集均匀分成 3 个子数据集，然后用多粒度粗糙集模型非动态属性约简算法 HRAM 运行所有子数据集.

（2）针对同一数据集中不同大小对象，对对象增加或删除时多粒度粗糙集模型动态属性约简算法和多粒度粗糙集模型非动态属性约简算法的运行结果进行比较，具体实验方案如下：

在实验过程中，首先把表 6-5 中每个数据集的对象分成 60%和 40%两部分，其中 60%的数据集均匀分成 3 个子数据集，作为基本数据集，将剩余 40%的数据集均匀分成 5 部分并依次作为增量数据集. 把增量数据集添加到基本数据集（或者把 40%的数据集均匀分成 5 部分依次作为被删除的数据集，依次从决策信息系统中去掉被删除的数据集）时，分别用多粒度粗糙集模型动态属性约简算法和多粒度粗糙集模型非动态属性约简算法来运行每个数据集.

（3）针对不同数据集，对对象增加或删除时多粒度粗糙集模型动态属性约简算法和多粒度粗糙集模型非动态属性约简算法所获得的属性约简的分类精确度结果进行比较，具体实验方案如下：

在实验过程中，运用十字交叉方法分别对多粒度粗糙集模型动态属性约简算法和多粒度粗糙集模型非动态属性约简算法所获得的属性约简的分类精确度结果进行比较分析. 即把表 6-5 中每个数据集的对象分成 90%和 10%两部分，其中 90%的部分数据集在实验过程中作为训练集，剩余 10%的部分数据集在实验过程中作为测试集，最后利用贝叶斯分类方法运行每个数据集.

6.5.2　性能分析

以上各实验结果介绍如下：

（1）多粒度粗糙集模型非动态属性约简算法 HRAM 和粗糙集属性约

简算法 CAR 结果比较.

针对不同的数据集，用粗糙集属性约简算法 CAR 运行每一个数据集，另外把每个数据集均匀分成 3 个子数据集，然后用多粒度粗糙集模型非动态属性约简算法 HRAM 运行这些数据集. 实验仿真结果如表 6-6 所示. 由于算法 CAR、HRAM 计算的属性约简数目、属性约简数值是一样的，所以在表 6-6 中对算法 HRAM 仅列出计算时间. 结果表明：多粒度粗糙集模型非动态属性约简算法和粗糙集属性约简算法 CAR 所得到的属性约简数目、属性约简数值是相等的，但是，多粒度粗糙集模型非动态属性约简算法的运行时间小于粗糙集属性约简算法 CAR 的运行时间. 因此，多粒度粗糙集模型动态属性约简算法在实际生活中具有较好的适应性.

表 6-6　比较算法 CAR 和 HRAM 的运行结果

数据集	CAR			HRAM
	属性约简数目	属性约简	时间/s	时间/s
Ticdata2000	72	1, 2, 44, 47, 55, 59, 68, 80, 83, 18, 31, 30, 28, 15, 38, 9, 23, 17, 37, 7, 39, 24, 36, 35, 22, 19, 14, 32, 27, 25, 10, 13, 34, 12, 26, 16, 33, 42, 8, 40, 29, 11, 6, 3, 4, 20, 21, 41, 54, 75, 49, 70, 61, 82, 64, 85, 43, 48, 69, 72, 51, 73, 52, 57, 78, 84, 63, 45, 66, 56, 77, 79	19.460	16.570
Nursery	8	1, 2, 3, 4, 5, 6, 7, 8	0.950	0.671
Shuttle	4	2, 9, 8, 1	3.976	3.545
Connect	35	1, 7, 19, 37, 13, 31, 14, 8, 25, 2, 20, 38, 32, 15, 9, 3, 26, 21, 39, 33, 16, 10, 4, 27, 22, 40, 34, 17, 5, 11, 28, 23, 41, 35, 29	50.231	44.240
Covtype	44	33, 43, 37, 46, 30, 40, 32, 38, 48, 26, 51, 22, 50, 21, 29, 45, 16, 14, 15, 31, 18, 24, 27, 47, 20, 44, 34, 19, 49, 36, 11, 41, 23, 28, 35, 42, 17, 39, 25, 6, 10, 1, 12, 2	4268.3	3326.2
Poker-hand	10	1, 2, 3, 4, 5, 6, 7, 8, 9, 10	187.51	113.89

（2）对象发生变化时，多粒度粗糙集模型动态属性约简算法更新时间和多粒度粗糙集模型非动态属性约简算法更新结果比较.

当对象增加到决策信息系统或者从决策信息系统删除时，分别用多粒度粗糙集模型动态属性约简算法和多粒度粗糙集模型非动态属性约简算法来运行每个数据集，实验结果如表 6-7 和表 6-8 所示. 分别把大小不同的对象增加到决策信息系统或者从决策信息系统删除并进行测试，仿真分析结果如图 6-2 和图 6-3 中的各个子图所示. 图 6-2 中的 X 轴为增加的大小不同对象集，Y 轴为更新约简的运行时间，单位为秒（s）. 图 6-3 中的 X 轴为删除的大小不同的对象集，Y 轴为更新约简运行时间，单位为秒（s）. 图中圆圈线表示多粒度粗糙集模型动态属性约简的运行时间，方格线表示多粒度粗糙集模型非动态属性约简的运行时间. 表 6-7、表 6-8、图 6-2 和图 6-3 显示：随着决策信息系统对象集的增加，多粒度粗糙集模型动态属性约简算法和多粒度粗糙集模型非动态属性约简算法的运行时间都有所增加，但多粒度粗糙集模型非动态属性约简算法的运行时间增加得更多. 因此，多粒度粗糙集模型动态属性约简算法优于多粒度粗糙集模型非动态属性约简算法.

表 6-7　比较算法 HRAM 和 UARAO 的运行时间（s）

数据集	（增加对象集（%））HRAM					（增加对象集（%））UARAO				
	20	40	60	80	100	20	40	60	80	100
Ticdata2000	10.169	10.402	12.441	15.278	16.570	0.199	0.248	0.282	1.331	1.448
Nursery	0.398	0.434	0.501	0.605	0.671	0.128	0.146	0.159	0.171	0.201
Shuttle	2.333	2.648	2.834	3.044	3.545	0.518	0.565	0.903	0.912	0.998
Connect	25.751	32.534	36.293	39.352	44.240	2.655	3.265	4.015	4.124	4.718
Covtype	541.72	1014.7	1418.6	2944.9	3326.2	215.72	486.83	687.26	897.27	1211.4
Poker-hand	41.857	49.639	65.091	97.762	113.89	6.994	9.021	16.789	20.863	25.069

表 6-8　比较算法 HRAM 和 UARDO 的运行时间（s）

数据集	（删除对象集（%））HRAM					（删除对象集（%））UARDO				
	20	40	60	80	100	20	40	60	80	100
Ticdata2000	15.278	12.441	10.402	10.169	7.739	3.596	2.912	2.693	2.298	1.871
Nursery	0.605	0.501	0.434	0.398	0.302	0.450	0.442	0.356	0.301	0.254
Shuttle	3.044	2.834	2.648	2.333	1.685	0.581	0.544	0.497	0.462	0.409
Connect	39.352	36.293	32.534	25.751	24.368	32.621	28.434	26.091	19.366	15.473
Covtype	2944.8	1418.6	1014.7	541.72	324.96	1013.4	698.4	496.7	237.8	125.42
Poker-hand	97.762	65.091	49.639	41.857	33.924	45.342	31.753	24.632	20.184	16.322

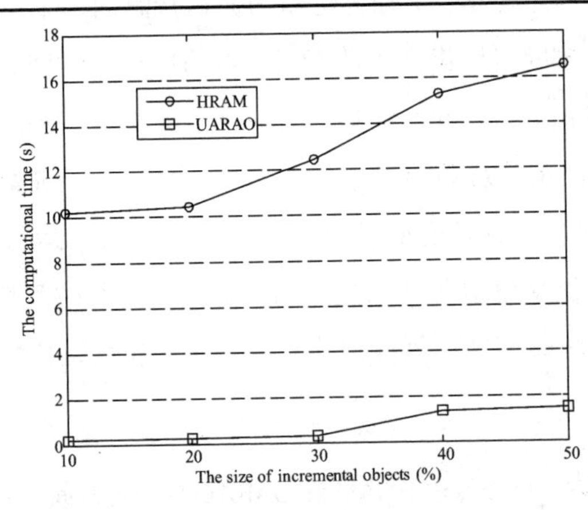

（a）Ticdata2000

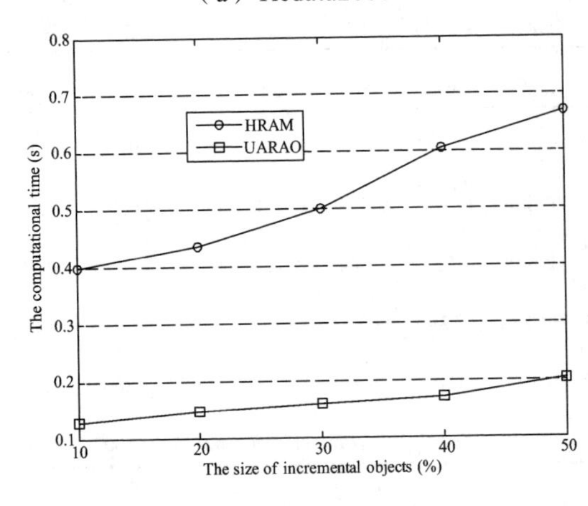

（b）Nursery

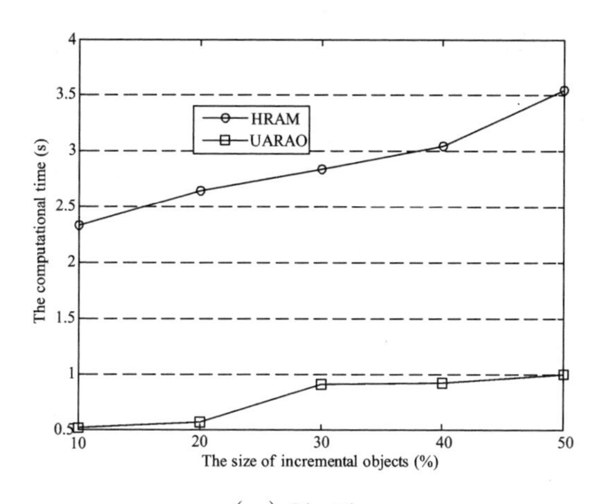

（c）Shuttle

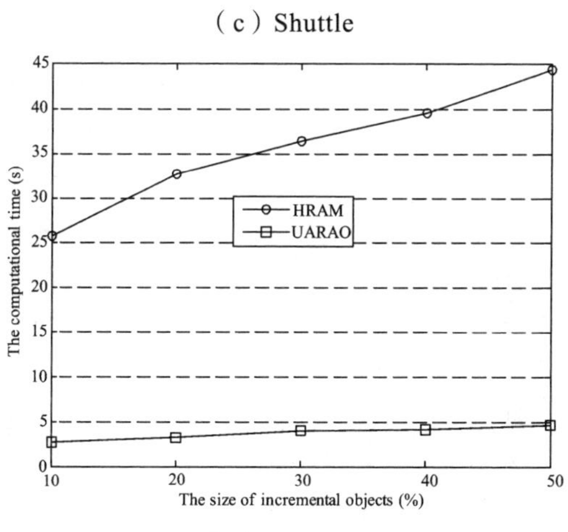

（d）Connect

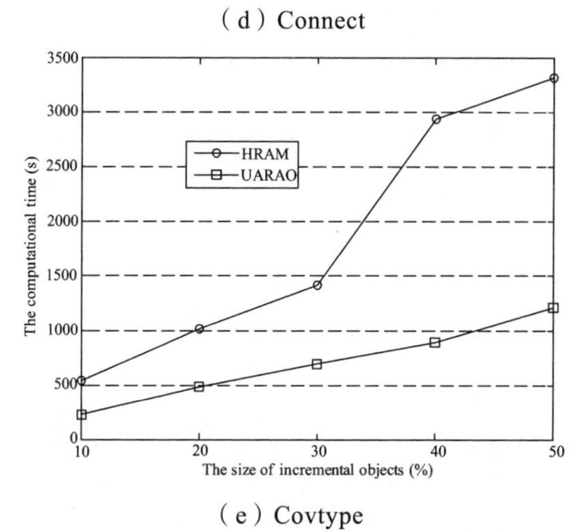

（e）Covtype

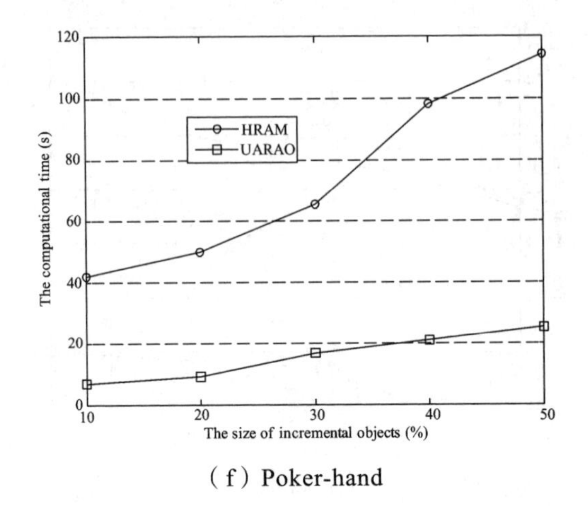

（f）Poker-hand

图 6-2　对象增加时算法 UARAO 运行时间与算法 HRAM 运行时间比较

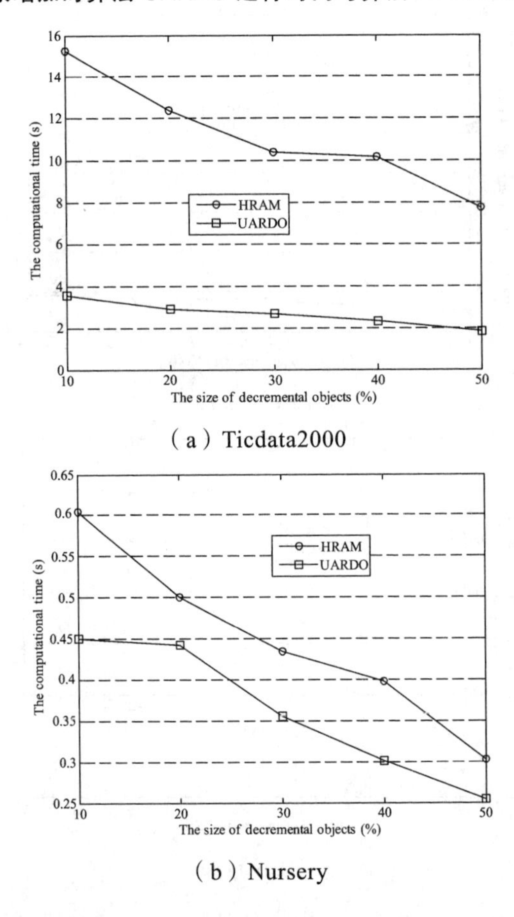

（a）Ticdata2000

（b）Nursery

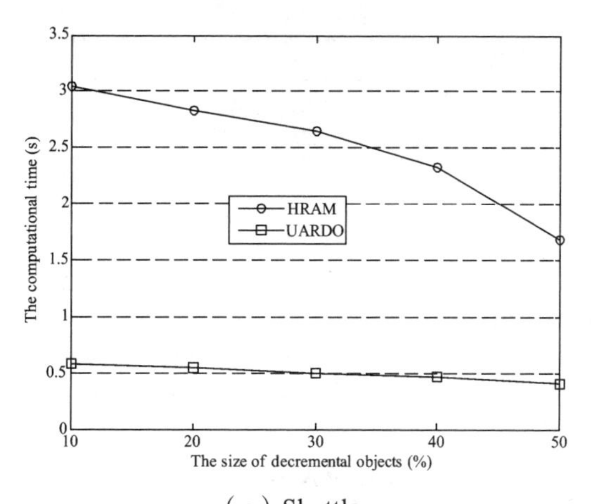

（c）Shuttle

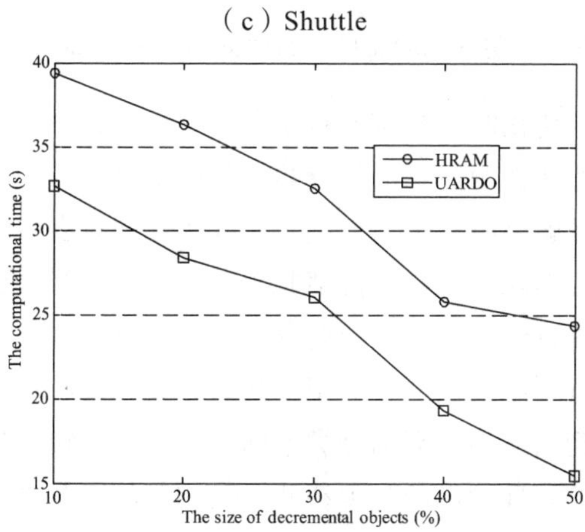

（d）Connect

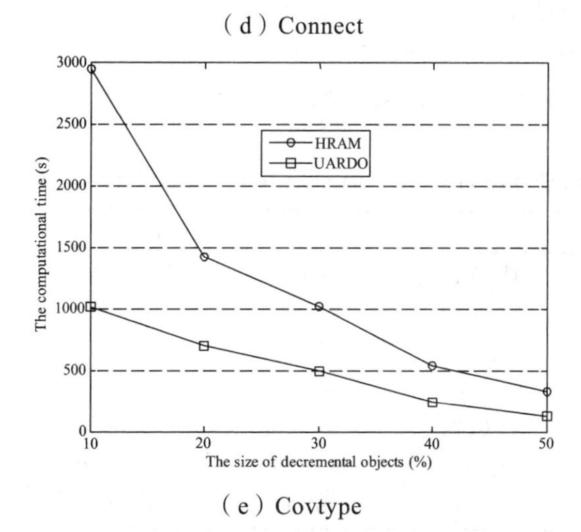

（e）Covtype

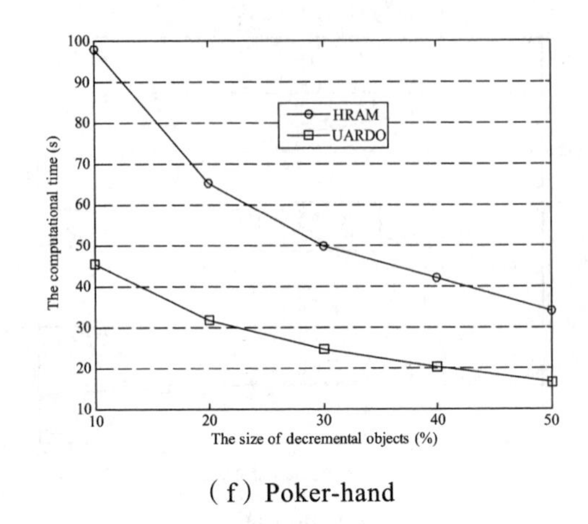

(f) Poker-hand

图 6-3 对象删除时算法 UARDO 运行时间与算法 HRAM 运行时间比较

(3) 对象发生变化时，多粒度粗糙集模型动态属性约简算法和多粒度粗糙集模型非动态属性约简算法的分类精确度结果比较.

当对象增加或删除时，运用十字交叉方法分别对多粒度粗糙集模型动态属性约简算法和多粒度粗糙集模型非动态属性约简算法所获得的属性约简的分类精确度进行分析，用贝叶斯分类方法运行每个数据集，实验仿真结果如表 6-9 所示. 结果表明：对于一些数据集，多粒度粗糙集模型动态属性约简算法得到的属性约简的分类精确度和多粒度粗糙集模型非动态属性约简算法得到的属性约简的分类精确度是相等的，甚至在某些数据集，多粒度粗糙集模型动态属性约简算法得到的属性约简的分类精确度高于多粒度粗糙集模型非动态属性约简算法得到的属性约简的分类精确度. 因此，多粒度粗糙集模型动态属性约简算法能够有效处理动态变化的数据集.

表 6-9 比较算法 HRAM、UARAO 和 UARDO 的分类精确度（%）

数据集	增加对象		删除对象	
	HRAM	UARAO	HRAM	UARDO
Ticdata2000	73.0849	81.2405	74.476	80.2713
Nursery	89.1134	89.1134	99.4343	99.4343
Shuttle	96.6242	96.6242	99.9908	99.9908
Connect	53.9189	54.7436	56.6907	57.2653
Covtype	64.2548	66.1892	66.7979	68.2437
Poker-hand	26.9112	26.9112	27.0062	27.0062

6.6 小　结

本章针对大数据环境下如何有效更新属性约简的问题，利用多粒度概念和“分而治之”方法分析大数据属性约简机制，提出了基于多粒度粗糙集模型的属性约简算法. 当决策信息系统的对象随着时间发生变化时，探讨了多粒度粗糙集模型求解知识粒度增量机制，提出了对象变化后基于多粒度粗糙集的动态属性约简算法. 最后从公共机器学习网站下载了 6 组 UCI 数据集对本章所提出的算法 HRAM、UARAO 和 UARDO 进行了实验比较分析，实验结果表明：与多粒度粗糙集模型非动态属性约简算法和经典粗糙集属性约简算法相比，多粒度粗糙集模型动态属性约简算法能够降低计算复杂度，提高计算效率，从而有效解决了海量动态数据属性约简的问题.

第 7 章　属性增加且属性值细化动态属性约简算法研究

现实生活中各行各业都积累了大量的数据且这些数据每时每刻都在发生变化，如何能够有效地从动态变化数据中发现有用的知识是信息科学领域研究的一个热点课题. 本章主要针对决策信息系统属性增加且属性值发生细化的情况下如何快速更新属性约简的问题，探讨了基于矩阵方法计算决策信息知识粒度的增量更新原理，设计了基于矩阵方法的增量属性约简方法. 当决策信息系统属性增加且属性值发生细化时，基于矩阵方法的动态属性约简算法与非动态属性约简算法比较，它能够快速找到变化后决策信息系统的约简. 本章最后下载了 4 组机器学习 UCI 数据集对所提出的动态属性约简算法的有效性进行了验证，仿真结果表明：所提出的动态属性约简算法具有较强的计算性能.

7.1　属性增加且属性值细化动态属性约简原理与算法

当决策信息系统中属性集动态增加且属性值细化时，传统属性约简算法在计算变化后决策信息系统的约简时，需要对全部数据进行重新学习，导致计算时间消耗较大. 为了能够及时有效地获取知识并能够快速找到变化后决策信息系统的约简，本章提出了一种属性增加且属性值细化的动态属性约简算法.

7.1.1　属性增加且属性值细化动态属性约简原理

定义 7-1　假设 $S=(U,A=C\cup D,V,f)$ 是一个决策信息系统，$B\subseteq C$且$B\neq\varnothing$，$a_l\in B$，V_l是条件属性 a_i 的值域，$[x_i]_{a_l}=\{x_i,x_j\in U\mid f(x_i,a_l)=f(x_j,a_l)\}$．对于 $\forall x_k\in[x_i]_{a_l}$，如果 $f(x_k,a_l)=v$，且 $v\notin V_l$，决策信息系统对象 x_k 的属性值被细化为 v．

假设 $X=[x_i]_{a_l}$，$Y=\{x_m\in U\mid f(x_m,a_l)=v\}$，则 $X-Y=\{x_n\in U\mid f(x_n,a_l)\neq f(x_m,a_l)\}$为 X 中属性 a_i 的值发生细化后，X 中对象没有发生变化的集合．

另外，$I_{X-Y}=\{i\mid x_i\in(X-Y)\}$表示 $(X-Y)$ 中所有元素下标构成的集合，$I_Y=\{i\mid x_i\in Y\}$表示 Y 中所有元素下标构成的集合．

定义 7-2　假设 $S=(U,A=C\cup D,V,f)$ 是一个决策信息系统，$(\boldsymbol{M}_U^{R_C})_{n\times n}=(m_{ij})_{n\times n}$是一个等价关系矩阵．如果条件属性 a_i 的值被细化，新的论域为 U'，则属性 a_i 值细化后决策信息系统等价关系矩阵 $(\boldsymbol{M}_{U'}^{R_C})_{n\times n}=(m'_{ij})_{n\times n}$ 的元素为：

$$m'_{ij}=\begin{cases}0, & i\in I_{X-Y}\text{且 } j\in I_Y,\\ 0, & i\in I_Y\text{且 } j\in I_{X-Y}, \quad 1\leqslant i,j\leqslant |U|.\\ m_{ij}, & \text{其他},\end{cases} \tag{7-1}$$

定义 7-3　假设 $S=(U,A=C\cup D,V,f)$ 是一个决策信息系统，$(\boldsymbol{M}_U^{R_C})_{n\times n}=(m_{ij})_{n\times n}$是等价关系矩阵．如果决策信息系统增加了属性集 P 且条件属性 a_i 的值被细化，我们可得到等价关系矩阵 $(\boldsymbol{W}_{U'}^{R_P})_{n\times n}=(w_{ij})_{n\times n}$．决策信息系统在条件属性 C 上的增量矩阵 $(\boldsymbol{H}_{U'}^{R_C})_{n\times n}=(h_{ij})_{n\times n}$ 的元素为：

$$h_{ij}=\begin{cases}1, & m_{ij}=1, i\in I_{X-Y}\text{且 } j\in I_Y\text{或 } i\in I_Y\text{且 } j\in I_{X-Y},\\ 1, & m_{ij}=1\wedge w_{ij}=0, i\notin I_{X-Y}\text{且 } j\notin I_Y\text{或 } i\notin I_Y\text{且 } j\notin I_{X-Y},\\ 0, & \text{其他}, i\notin I_{X-Y}\text{且 } j\notin I_Y\text{或 } i\notin I_Y\text{且 } j\notin I_{X-Y}.\end{cases}$$

$$\tag{7-2}$$

定义 7-4　假设 $S=(U,A=C\cup D,V,f)$ 是一个决策信息系统，$(\boldsymbol{Q}_U^{R_C})_{n\times n}=(q_{ij})_{n\times n}$是等价关系矩阵．如果决策信息系统增加了属性集 P 且条

件属性 a_i 的值被细化，我们可得到等价关系矩阵 $(\boldsymbol{Z}_{U'}^{R_{P\cup D}})_{n\times n}=(z_{ij})_{n\times n}$. 决策信息系统的增量矩阵 $(\boldsymbol{E}_{U'}^{R_{C\cup D}})_{n\times n}=(e_{ij})_{n\times n}$ 的元素为：

$$e_{ij}=\begin{cases}1, & q_{ij}=1,\ i\in I_{X-Y}\text{且 }j\in I_Y\text{或 }i\in I_Y\text{且 }j\in I_{X-Y},\\ 1, & q_{ij}=1\wedge z_{ij}=0,\ i\notin I_{X-Y}\text{且 }j\notin I_Y\text{或 }i\notin I_Y\text{且 }j\notin I_{X-Y},\\ 0, & \text{其他},\ i\notin I_{X-Y}\text{且 }j\notin I_Y\text{或 }i\notin I_Y\text{且 }j\notin I_{X-Y}.\end{cases}$$

（7-3）

定理 7-1 假设 $S=(U,A=C\cup D,V,f)$ 是一个决策信息系统，决策信息系统条件属性 C 的知识粒度为 $GD_U(C)$. 如果决策信息系统增加了属性集 P 且条件属性 a_i 的值被细化，新的论域为 U'，增量关系矩阵为 $\boldsymbol{H}_{U'}^{R_C}$，则变化后决策信息系统条件属性 C 的知识粒度为：

$$GD_{U'}(C)=GD_U(C)-\frac{1}{|U|^2}sum(\boldsymbol{H}_{U'}^{R_C}),\qquad(7\text{-}4)$$

其中，$sum(\boldsymbol{H}_{U'}^{R_C})$ 表示增量矩阵 $\boldsymbol{H}_{U'}^{R_C}$ 中所有元素相加的和.

定理 7-2 假设 $S=(U,A=C\cup D,V,f)$ 是一个决策信息系统，决策信息系统条件属性 C 和决策属性 D 的知识粒度为 $GD_U(C\cup D)$. 如果决策信息系统增加了属性集 P 且条件属性 a_i 的值被细化，新的论域为 U'，增量关系矩阵为 $\boldsymbol{E}_{U'}^{R_{C\cup D}}$，则变化后决策信息系统条件属性 C 和决策属性 D 的知识粒度为：

$$GD_{U'}(C\cup D)=GD_U(C\cup D)-\frac{1}{|U|^2}sum(\boldsymbol{E}_{U'}^{R_{C\cup D}}).\qquad(7\text{-}5)$$

定理 7-3 假设 $S=(U,A=C\cup D,V,f)$ 是一个决策信息系统，决策信息系统条件属性 C 关于决策属性 D 的相对知识粒度为 $GD_U(D|C)$. 如果决策信息系统增加了属性集 P 且条件属性 a_i 的值被细化，新的论域为 U'，增量关系矩阵分别为 $\boldsymbol{H}_{U'}^{R_C}$ 和 $\boldsymbol{E}_{U'}^{R_{C\cup D}}$，则变化后决策信息系统 C 关于 D 的相对知识粒度为：

$$GD_{U'}(D|C)=GD_U(D|C)-\frac{1}{|U|^2}(sum(\boldsymbol{H}_{U'}^{R_C})\text{-}sum(\boldsymbol{E}_{U'}^{R_{C\cup D}})).\qquad(7\text{-}6)$$

7.1.2　属性增加且属性值细化动态属性约简算法

当决策信息系统增加了属性集 P 且条件属性 a_i 的值被细化时，利用基于矩阵方法计算知识粒度的增量机制，在原有决策信息系统约简的基础上，我们提出了一种属性增加且属性值细化的动态属性约简算法 7-1，算法的具体描述如下：

算法 7-1　属性增加且属性值细化的动态属性约简算法：

输入：决策信息系统 $S=(U,A=C\cup D,V,f)$，决策信息系统的约简为 RED_U，增量属性集 P 及属性 a_i 的值被细化；

输出：增量属性集 P 及属性 a_i 的值被细化后的约简 $RED_{U'}$.

步骤 1：$B\leftarrow RED_U$，计算决策信息系统的增量矩阵 $H_{U'}^{R_C}$，$E_{U'}^{R_{C\cup D}}$，$H_{U'}^{R_B}$ 和 $E_{U'}^{R_{B\cup D}}$；

步骤 2：分别计算决策信息系统增量属性集 P 及属性 a_i 的值细化后的相对知识粒度 $GD_{U'}(D|B)$，$GD_{U'}(D|C)$；

步骤 3：如果 $GD_{U'}(D|B)=GD_{U'}(D|C)$，则执行步骤 6，否则执行步骤 4；

步骤 4：当 $GD_{U'}(D|B)\neq GD_{U'}(D|C)$，计算属性 a $(a\in C-B)$ 在属性 B 相对于决策属性集 D 的重要性（外重要性），依次选取重要性（外重要性）中的最大属性 $a_0=\max(sig_{U'}^{outer}(a,p,D))$，并添加到集合 B 中，即 $B\leftarrow B\cup\{a_0\}$，直到 $GD_{U'}(D|B)=GD_{U'}(D|C)$ 为止；

步骤 5：对于集合 B 中的每个属性 a，计算相对知识粒度 $GD_{U'}(D|B-\{a\})$，如果 $GD_{U'}(D|B-\{a\})=GD_{U'}(D|C)$，则 $B\leftarrow B-\{a\}$；

步骤 6：$RED_{U'}\leftarrow B$，输出决策信息系统增量属性集 P 及属性 a_i 的值细化后的约简 $RED_{U'}$，算法结束.

7.2　实验方案与性能分析

7.2.1　实验方案

为了验证本章所提出的基于矩阵方法的增量属性约简算法的有效性，

我们下载了 4 组 UCI 数据集进行仿真实验. 实验所用的数据集描述如表 7-1 所示. 基于动态属性约简算法和非动态属性约简算法的代码编写环境为 32-bits（JDK 1.6.0_20）和 Eclipse 3.7. 另外，实验中所使用的计算机硬件和软件的环境配置为：内存：4.0 GB，CPU：Inter Core2 Quad Q8200，2.66 GHz；操作系统：64-bit Windows 10. 在仿真实验过程中，为了让计算时间更具有稳定性，我们取 10 次运行时间的平均值作为计算决策信息系统约简的最终运行时间.

表 7-1　数据集描述

序号	数据集	行	条件属性	决策属性
1	Dermatology	366	34	6
2	Kr-vs-kp	3196	36	2
3	Ticdata2000	5822	85	2
4	Mushroom	5644	22	2

7.2.2　性能分析

（1）属性增加且属性值细化后动态属性约简算法与非动态属性约简算法结果比较.

在仿真实验过程中，把表 7-1 中的数据集按照属性均匀分成两部分，其中包含 50%的条件属性、决策属性的数据集作为基本数据集，剩余 50%的数据集按照条件属性均匀分成 5 部分并依次添加到基本数据集中，同时分别对基本数据集中 50%的数据集按照对象均匀分成 5 部分并对其属性值进行细化. 当决策信息系统增加了属性集及部分属性值发生细化时，分别用动态属性约简算法和非动态属性约简算法运行变化后的数据集. 实验结果如图 7-1 中的每个子图所示. 图 7-1 中的横轴为增加属性且属性值发生细化数据集的规模，纵轴为不同属性约简算法计算决策信息系统约简的运行时间，圆形线代表非动态属性约简算法的计算时间，方形线代表动态属性约简算法的计算时间.

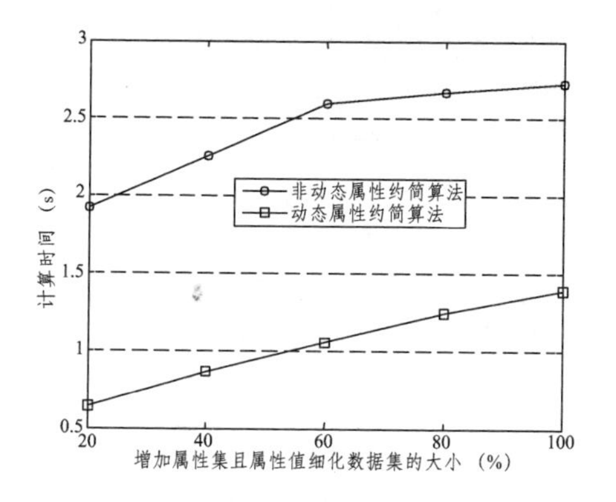

（a）Dermatology

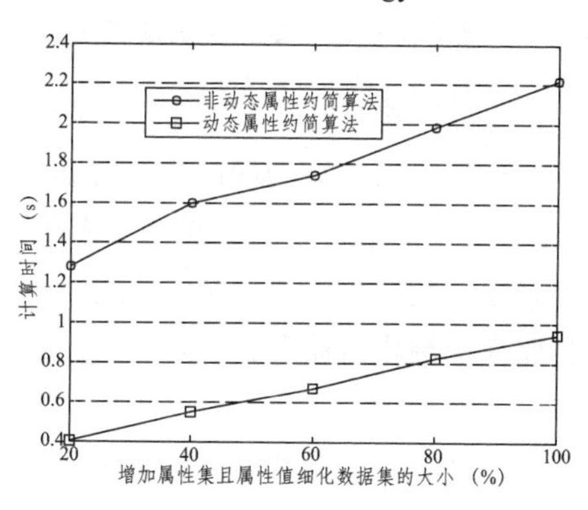

（b）Kr-vs-kp

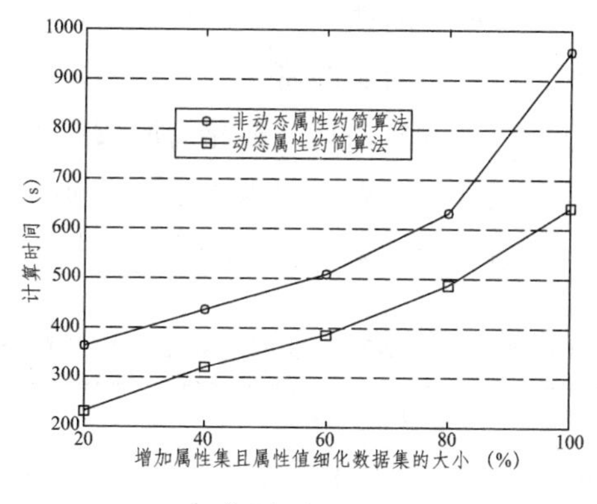

（c）Ticdata2000

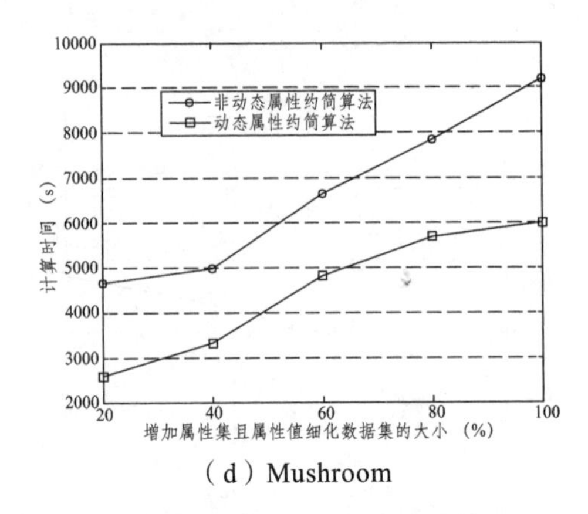

（d）Mushroom

图 7-1　增量属性约简算法和非增量属性约简算法运行时间的比较

从图 7-1 的每个子图可以看到：动态属性约简算法计算约简的运行时间远远小于非动态属性约简算法计算约简的运行时间. 因此，本章所提出的属性增加且属性值细化后动态属性约简算法具有较强的计算性能的优势，能够有效处理动态变化数据集属性约简的问题.

（2）属性增加且属性值细化后动态属性约简算法与非动态属性约简算法所得的约简分类精确度的比较.

在仿真实验过程中，把表 7-1 中的数据集按照属性均匀分成两部分，其中包含 50%的条件属性、决策属性的数据集作为基本数据集，剩余 50%的条件属性的数据集作为增量属性集，当基本数据集添加增量属性集，同时基本数据集中 50%的数据集对象的属性值发生了细化时，分别用动态属性约简算法和非动态属性约简算法运行变化后的数据集. 另外，我们运用十字交叉法分别对动态属性约简算法和非动态属性约简算法计算约简的分类精确度进行比较分析，实验结果如表 7-2 所示.

表 7-2　动态属性约简算法和非动态属性约简算法获得约简分类精确度的比较

数据集	增量属性约简算法	非增量属性约简算法
Dermatology	0.877048	0.881027
Kr-vs-kp	0.901438	0.894645
Ticdata2000	0.730849	0.812046
Mushroom	0.997638	0.997638

从表 7-2 中我们发现，动态属性约简算法和非动态属性约简算法所获得的约简分类精确度的值是非常相近甚至是相等的. 仿真实验结果表明：当决策信息系统增加了属性集及部分对象的属性值被细化时，本章所提出的属性增加且属性值细化后动态属性约简算法获得约简是有效的.

7.3 小　结

如何从动态变化的数据集中及时获取有效知识是目前信息科学领域研究的一个热点课题，为了有效处理动态变化数据属性约简的问题，本章讨论了基于矩阵方法计算知识粒度的增量机制，并设计了一种属性增加且属性值细化的动态属性约简算法. 当决策信息系统增加了属性集及部分对象属性值被细化时，首先利用相关增量机制快速更新变化后决策信息系统的相对知识粒度，然后在未发生变化决策信息系统约简的基础上，能够快速获得决策信息系统发生变化后的约简，最后下载了 4 组机器学习 UCI 数据集对所提出的动态属性约简算法的有效性进行了验证，仿真结果表明：所提出的动态属性约简算法具有较强的计算性能.

第 8 章　属性值细化且对象增加动态属性约简算法研究

实际生活中很多数据集每时每刻都在发生变化，如何能够快速更新动态数据属性约简是信息科学领域研究的一个热点课题. 本章针对决策信息系统对象的属性值被细化且增加了对象集时如何快速获得约简问题，分析了基于矩阵方法的计算决策信息系统等价关系矩阵和相对知识粒度的增量更新机制，提出了属性值细化且对象增加时基于矩阵方法的增量属性约简算法. 最后下载了 4 组 UCI 数据对所提出的矩阵增量属性约简算法的性能进行了测试，实验结果验证了所提出的矩阵增量属性约简算法能够有效处理动态属性约简的问题.

8.1　属性值细化且对象增加动态属性约简原理与算法

当决策信息系统中对象的属性值被细化且增加了对象集时，非增量属性约简算法计算变化后决策信息系统的约简时，需要重复计算决策信息系统的等价关系矩阵、相对知识粒度及约简，导致运行时间和储存空间耗费较多. 为了能够在较短的时间内获得变化后决策信息系统的约简，本章提出了属性值细化且对象增加时基于矩阵方法的增量属性约简算法.

8.1.1 属性值细化且对象增加动态属性约简原理

定义 8-1　$S=(U,A=C\cup D,V,f)$ 是决策信息系统，$B\subseteq C$ 且 $B\neq\varnothing$，$a_l\in B$ 且 V_l 是条件属性 a_l 的值域，$[x_i]_{a_l}=\{x_i,x_j\in U\mid f(x_i,a_l)=f(x_j,a_l)\}$. $\forall x_k\in[x_i]_{a_l}$，如果 $f(x_k,a_l)=v$，且 $v\notin V_l$，则属性值 $f(x_k,a_l)$ 被细化为 v.

假设 $X=[x_i]_{a_l}$，$Y=\{x_m\in U\mid f(x_m,a_l)=v\}$，则 $X-Y=\{x_n\in U\mid f(x_n,a_l)\neq f(x_m,a_l)\}$ 为条件属性 a_l 值细化后，集合 X 中对象属性值保持不变的集合.

假设 $I_{X-Y}=\{i\mid x_i\in(X-Y)\}$，$I_Y=\{i\mid x_i\in Y\}$，则 I_{X-Y} 为 $X-Y$ 中所有元素下标的集合，I_Y 为 Y 中所有元素下标的集合.

定义 8-2　$S=(U,A=C\cup D,V,f)$ 是决策信息系统，$(\boldsymbol{M}_U^{R_C})_{n\times n}=(m_{ij})_{n\times n}$ 是论域 U 上的等价关系矩阵. 若条件属性 a_l 的值发生细化后，变化后的论域为 U'，决策信息系统属性值细化后等价关系矩阵 $(\boldsymbol{M}_{U'}^{R_C})_{n\times n}=(m'_{ij})_{n\times n}$ 的元素定义为：

$$m'_{ij}=\begin{cases}0, & i\in I_{X-Y}\text{且 } j\in I_Y,\\0, & i\in I_Y\text{且 } j\in I_{X-Y},\quad 1\leqslant i,j\leqslant|U|,\\m_{ij}, & \text{其他}.\end{cases}\tag{8-1}$$

定义 8-3　$S=(U,A=C\cup D,V,f)$ 是决策信息系统，$(\boldsymbol{M}_U^{R_C})_{n\times n}=(m_{ij})_{n\times n}$ 是论域 U 上的等价关系矩阵. 若条件属性 a_l 的值发生细化后，则增量关系矩阵 $(\boldsymbol{H}_{U'}^{R_C})_{n\times n}=(h_{ij})_{n\times n}$ 的元素定义为：

$$h_{ij}=\begin{cases}1, & m_{ij}=1,\ i\in I_{X-Y}\text{且 } j\in I_Y\text{或 } i\in I_Y\text{且 } j\in I_{X-Y},\\0, & \text{其他}.\end{cases}\tag{8-2}$$

定义 8-4[6]　$S=(U,A=C\cup D,V,f)$ 是决策信息系统，假设 $U_X=\{u_{n+1},u_{n+2},\cdots,u_{n+t}\}$ 是一个增量对象集，R_C 是论域 U 上的等价关系，则增量等价关系矩阵 $(Q_{U'\cup U_X}^{R_C})_{t\times n}=(q_{ij})_{t\times n}$ 的元素定义为：

$$q_{ij}=\begin{cases}1, & (u_{n+i},u_j)\in R_C,\\0, & (u_{n+i},u_j)\notin R_C,\end{cases}\quad 1\leqslant j\leqslant n,1\leqslant i\leqslant t.\tag{8-3}$$

定义 8-5　$S=(U,A=C\cup D,V,f)$ 是决策信息系统，假设决策信息系统增加了对象集U_X且条件属性a_i的值被细化，R_C是论域U上的等价关系，$\boldsymbol{M}_U^{R_C}$，$\boldsymbol{H}_{U'}^{R_C}$，$(\boldsymbol{Q}_{U'\cup U_X}^{R_C})_{t\times n}$和$\boldsymbol{Z}_{U_X}^{R_C}$分别是等价关系矩阵. 决策信息系统增加了对象集$U_X$且条件属性$a_i$的值被细化后的矩阵$(\boldsymbol{M}_{U'\cup U}^{R_C})_{n\times n}$定义为：

$$(\boldsymbol{M}_{U'\cup U}^{R_C})_{n\times n}=\begin{bmatrix}\boldsymbol{M}_U^{R_C}-\boldsymbol{H}_{U'}^{R_C} & (\boldsymbol{Q}_{U'\cup U}^{R_C})_{t\times n}^{\mathrm{T}} \\ (\boldsymbol{Q}_{U'\cup U}^{R_C})_{t\times n} & \boldsymbol{Z}_{U_X}^{R_C}\end{bmatrix}, \tag{8-4}$$

其中等价关系矩阵$(\boldsymbol{Q}_{U'\cup U_X}^{R_C})_{t\times n}^{\mathrm{T}}$是等价关系矩阵$(\boldsymbol{Q}_{U'\cup U_X}^{R_C})_{t\times n}$的转置.

定理 8-1　$S=(U,A=C\cup D,V,f)$是决策信息系统，假设决策信息系统增加了对象集U_X且条件属性a_i的值被细化，R_C是论域U上的等价关系，$\boldsymbol{M}_U^{R_C}$，$\boldsymbol{H}_{U'}^{R_C}$，$(\boldsymbol{Q}_{U'\cup U_X}^{R_C})_{t\times n}$和$\boldsymbol{Z}_{U_X}^{R_C}$分别是等价关系矩阵. 决策信息系统增加了对象集$U_X$且条件属性$a_i$的值被细化后的知识粒度变为：

$$GD_{U'\cup U}(C)=\frac{1}{|U'\cup U|^2}(Sum(\boldsymbol{M}_U^{R_C})-Sum(\boldsymbol{H}_{U'}^{R_C})+2Sum((\boldsymbol{Q}_{U'\cup U}^{R_C})_{t\times n})+Sum(\boldsymbol{Z}_{U_X}^{R_C})), \tag{8-5}$$

其中，$Sum(\cdots)$代表矩阵所有元素的和.

定理 8-2　$S=(U,A=C\cup D,V,f)$是决策信息系统，假设决策信息系统增加了对象集U_X且条件属性a_i的值被细化，R_C是论域U上的等价关系，$\boldsymbol{M}_U^{R_C}$，$\boldsymbol{H}_{U'}^{R_C}$，$(\boldsymbol{Q}_{U'\cup U_X}^{R_C})_{t\times n}$，$\boldsymbol{Z}_{U_X}^{R_C}$，$\boldsymbol{M}_U^{R_{C\cup D}}$，$\boldsymbol{H}_{U'}^{R_{C\cup D}}$，$(\boldsymbol{Q}_{U'\cup U_X}^{R_{C\cup D}})_{t\times n}$和$\boldsymbol{Z}_{U_X}^{R_{C\cup D}}$分别是等价关系矩阵. 决策信息系统增加了对象集$U_X$且条件属性$a_i$的值被细化后条件属性$C$关于决策属性$D$的相对知识粒度变为：

$$\begin{aligned}GD_{U'\cup U}(D\mid C)=\frac{1}{|U'\cup U|^2}&(Sum(\boldsymbol{M}_U^{R_C})-Sum(\boldsymbol{H}_{U'}^{R_C})+2Sum((\boldsymbol{Q}_{U'\cup U}^{R_C})_{t\times n})+Sum(\boldsymbol{Z}_{U_X}^{R_C})-\\&Sum(\boldsymbol{M}_U^{R_{C\cup D}})+Sum(\boldsymbol{H}_{U'}^{R_{C\cup D}})-2Sum((\boldsymbol{Q}_{U'\cup U}^{R_{C\cup D}})_{t\times n})-Sum(\boldsymbol{Z}_{U_X}^{R_{C\cup D}})).\end{aligned} \tag{8-6}$$

8.1.2　属性值细化且对象增加动态属性约简算法

当决策信息系统中条件属性a_i的值被细化且增加了对象集U_X时，根据上述增量机制的定义和定理，在决策信息系统原来等价关系矩阵和约简的基础上，设计了属性值细化且对象增加时基于矩阵方法的增量属性约简算法 8-1，该算法的具体描述如下：

算法 8-1：属性值细化且对象增加时基于矩阵方法的增量属性约简算法：

输入：决策信息系统 $S=(U,A=C\cup D,V,f)$，决策信息系统的约简 RED_U，增量对象集 U_X 及属性 a_i 的值被细化；

输出：决策信息系统增加了对象集 U_X 且属性 a_i 的值被细化后的约简 $RED_{U'\cup U_X}$.

步骤 1：$B\leftarrow RED_U$，分别计算决策信息系统的等价关系矩阵和增量关系矩阵 $M_U^{R_C}$，$H_{U'}^{R_C}$，$(Q_{U'\cup U_X}^{R_C})_{t\times n}$，$Z_{U_X}^{R_C}$；

步骤 2：计算决策信息系统增加了对象集 U_X 且属性 a_i 的值被细化后的相对知识粒度 $GD_{U'\cup U_X}(D|B)$，$GD_{U'\cup U_X}(D|C)$；

步骤 3：如果 $GD_{U'\cup U_X}(D|B)=GD_{U'\cup U_X}(D|C)$，则执行步骤 6，否则执行步骤 4；

步骤 4：当 $GD_{U'\cup U_X}(D|B)\neq GD_{U'\cup U_X}(D|C)$，对于 $\forall a\ (a\in C-B)$，计算 a 在 B 相对于 D 的重要性（外重要性），依次选取外重要性中最大属性 $a_0=\max(sig_{U'\cup U_X}^{outer}(a,B,D))$ 并添加到集合 B 中，即 $B\leftarrow B\cup\{a_0\}$，直到 $GD_{U'\cup U_X}(D|B)=GD_{U'\cup U_X}(D|C)$ 为止；

步骤 5：对于 $\forall a\in B$，计算 D 相对于 $(B-\{a\})$ 的知识粒度 $GD_{U'\cup U_X}(D|B-\{a\})$，如果 $GD_{U'\cup U_X}(D|B-\{a\})=GD_{U'\cup U_X}(D|C)$，则 $B\leftarrow B-\{a\}$；

步骤 6：$RED_{U'\cup U_X}\leftarrow B$，输出增加对象集 U_X 且属性 a_i 的值被细化后的决策信息系统约简 $RED_{U'\cup U_X}$，算法结束.

8.2　实验方案与性能分析

8.2.1　实验方案

为了验证本章提出的属性值细化且对象增加时基于矩阵方法的增量属性约简算法的有效性，我们把动态属性约简算法的运行时间和非动态属性约简算法的运行时间作比较，下载了 4 组 UCI 数据集作为仿真实验数据集，数据集的具体描述如表 8-1 所示. 实验仿真的硬件环境：CPU Pentium（R）

Dual-Core E5800 3.20GHz，内存：Samsung DDR3 SDRAM，4.0GB；实验仿真的软件环境：64-bit Windows 10 操作系统，64-bits（JDK 1.6.0_20）和 Eclipse 3.7.

表 8-1　数据集描述

序号	数据集	行	条件属性	决策属性
1	Lung Cancer	32	56	3
2	Dermatology	366	34	6
3	Kr-vs-kp	3196	36	2
4	Ticdata2000	5822	85	2

8.2.2　性能分析

（1）动态属性约简算法与非动态属性约简算法运行时间比较.

在实验仿真过程中，我们把表 8-1 中的数据集按照对象均匀分成两部分，其中 50%的数据集作为基本数据集，基本数据集中一半数据集的 20%、40%、60%、80%、100%的属性值进行细化，另一半数据集的属性值没有发生变化，剩余 50%的数据集按照对象的 20%、40%、60%、80%、100%依次作为增量对象集，并用动态属性约简算法和非动态属性约简算法运行这些数据集，实验的仿真结果如图 8-1 中各个子图所示，其中纵轴表示算法的计算时间，横轴表示数据集中对象属性值发生细化且增加对象的百分数. 圆形线代表非动态属性约简算法的运行时间，方形线代表动态属性约简算法的运行时间.

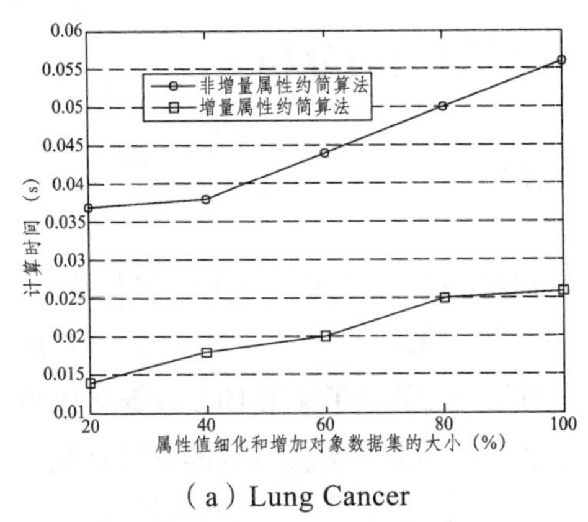

（a）Lung Cancer

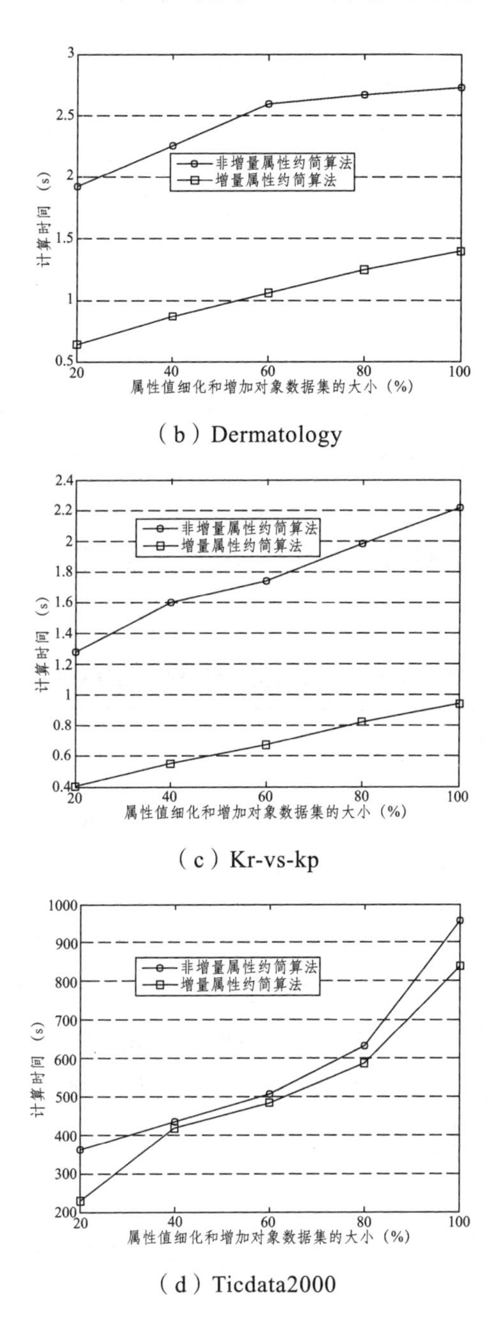

（b）Dermatology

（c）Kr-vs-kp

（d）Ticdata2000

图 8-1　动态属性约简算法和非动属性约简算法运行时间的比较

从仿真实验结果可以看出，当决策信息系统对象的属性值被细化且增加了对象集时，所提出的动态属性约简算法的计算时间远远小于非动态属性约简算法的计算时间，从而说明本章所提出的属性值细化且对象增加时的动态属性约简算法是有效的.

（2）动态属性约简算法与非动态属性约简算法所得的约简分类精确度比较.

在分类精度仿真实验中，把表 8-1 中的数据集按照对象均匀分成两部分，其中一部分数据集作为基本数据集，另一部分作为增量数据集，当基本数据集中一半数据集的属性值发生了细化，另一半数据集的属性值未发生变化，并把增量数据集添加到基本数据集中，分别用动态属性约简算法和非动态属性约简算法运行这些数据集. 最后，运用十字交叉法和贝叶斯分类算法计算不同属性约简算法所得约简的分类精确度并对其进行分析比较，所得结果如表 8-2 所示.

表 8-2　比较动态属性约简算法和非动态属性约简算法获得约简的分类精确度

数据集	增量属性约简算法	非增量属性约简算法
Lung Cancer	0.785913	0.785913
Dermatology	0.877151	0.881029
Kr-vs-kp	0.901543	0.910678
Ticdata2000	0.730876	0.812416

从表 8-2 可以看出，动态属性约简算法和非动态属性约简算法所得约简的分类精确度的值是相近的. 结果说明，当决策信息系统对象的属性值被细化且增加了对象集时，本章所提出的属性值细化且对象增加时的动态属性约简算法所得到的约简是有效的.

8.3 小　结

如何能够快速更新动态数据属性约简是信息科学领域研究的一个热点课题. 当决策信息系统中对象的属性值被细化且增加了对象集时，本章首先讨论了基于矩阵方法的计算决策信息系统等价关系矩阵和相对知识粒度的增量机制，然后提出了属性值细化且对象增加时的动态属性约简算法，最后利用 UCI 数据集对所提出的动态属性约简算法进行仿真验证，仿真实验结果表明：属性值细化且对象增加时的动态属性约简算法是有效的.

参考文献

[1] Waldrop M. Big data[J]. Nature, 2008, 455（7209）: 1-136.

[2] 孟小峰，慈祥. 大数据管理：概念，技术与挑战[J]. 计算机研究与发展，2013，50（1）: 146-169.

[3] Fan J Q, Liu H. Statistical analysis of big data on pharmacogenomics[J]. Advanced Drug Delivery Reviews, 2013, 65(7): 987-1000.

[4] Burke J. Dealing with data [J]. Science, 2011, 331(6018): 639-806.

[5] Labrinidis A, Jagadish H. Challenges and opportunities with big data[J]. Proceedings of the VLDB Endowment, 2012, 5(12): 2032-2033.

[6] 梁吉业，李德玉. 信息系统中的不确定性与知识获取[M]. 北京: 科学出版社，2007.

[7] Zhang J B, Li T R, Ruan D, et al. Parallel attribute reduction algorithms using MapReduce[J]. Information Sciences, 2014, 279(0): 671-690.

[8] Qian J，Miao D Q，Zhang Z H，et al. A parallel method for computing rough set approximations[J]. Information Sciences, 2012, 194(5): 209-223.

[9] 苗夺谦，王国胤，刘清. 粒计算：过去、现在和展望[M]. 北京: 科学出版社，2007.

[10] 王国胤，张清华，胡军. 粒计算研究综述[J]. 智能系统学报，2007，2（6）: 8-26.

[11] Pedycz W. The design of cognitive maps: A study in synergy of granular computing and evolutionary optimization[J]. Expert System with Applications, 2010, 37(10): 7288-7294.

[12] Pedycz W, Skowron A, Kreinovich V. Handbook of granular computing[M]. Wiley Interscience, 2008.

[13] Zadeh L A. Fuzzy sets and information granularity[M]. Advances in Fuzzy Set Theory and Applications, Amsterdam: North-Holland, 1979.

[14] Zadeh L A. Towards a theory of fuzzy information granularity and its centrality in human reasoning and fuzzy logic[J]. Fuzzy Set and Systems, 1979, 19(1): 111-127.

[15] Yao Y Y. Information granulation and rough set approximation[J]. International Journal of Intelligent Systems, 2001, 16(1): 87-104.

[16] Yao Y Y. A partition model of a granular computing[C]. LNCS Transactions on Rough Sets, Springer, 2004: 232-253.

[17] Lin T Y. Granular computing on binary relations I: Data mining and neighborhood systems. Rough sets in knowledge discovery[M]. Skowron A and Pokowshi l (Eds.), Physica-Verlag, 1998: 107-122.

[18] 苗夺谦，范世栋. 知识的粒度计算及其应用[J]. 系统工程理论与实践，2002，22（1）: 48-56.

[19] 苗夺谦，徐菲菲，姚一豫，等. 粒计算集合描述[J]. 计算机学报，2012，35（2）: 351-363.

[20] Wang G Y, Hu F, Huang H. A granular computing model based on tolerance relation[J]. The Journal of China Universities of Posts and Telecommunications, 2005, 12(3): 86-90.

[21] Zheng Z，Hu H，Shi Z Z. Tolerance relation based granular space[J]. Lecture Notes in Computer Science, 2005, 6104: 682-691.

[22] Yager R R. Intelligent social network analysis using granular computing[J]. International Journal of Intelligent Systems, 2008, 23(11): 1197-1220.

[23] Yager R R. Participatory learning with granular observations[J]. IEEE Transactions on Fuzzy Systems, 2009, 17(1): 1-13.

[24] Qian Y H, Liang J Y, Wu W Z, et al. Information granularity in fuzzy binary GRC model[J]. IEEE Transations on Fuzzy Systems, 2011, 19(2): 253-264.

[25] 仇国芳，马建民，杨宏志，等. 概念粒计算系统的数学模型[J]. 中国科学: 信息科学，2009，39（12）: 1239-1247.

[26] 胡峰，黄海，王国胤，等. 不完备信息系统中粒计算方法[J]. 小型微型计算机系统，2005，26（8）: 1335-1339.

[27] Pedrycz W. Allocation of information granularity in optimization and decision making models: Towards building the foundations of granula computing[J]. European Journal of Operational Research, 2014, 232(1): 137-145.

[28] Pedrycz W, AI-Hmouz R, Balarmash A S, et al. Designing granular fuzzy models: Ahierarchical approach to fuzzy modeling[J]. Knowledge-Based Systems, 2015, 76: 42-52.

[29] Saberi M, Mirtalaie M S, Hussain F k, et al. A granular computing-based approach to credit scoring modeling[J]. Neurocomputing, 2013, 122（25）: 100-115.

[30] 张玲，张钹. 动态商空间模型及其基本性质[J]. 模式识别和人工智能，2012，25（2）: 181-185.

[31] 袁学海，李洪兴，孙凯彪. 基于超群的粒计算理论[J]. 模糊系统与数学，2011，25（3）: 133-142.

[32] 刘清，孙辉，王洪发. 粒计算研究现状及基于 rough 逻辑语义的粒计算研究[J]. 计算机科学，2008，31（4）: 543-555.

[33] 闫林，张学栋，魏雁天，等. 粒空间中基于粒计算的粒语义推理[J]. 模式识别与人工智能，2008，21（4）: 462-468.

[34] 折延宏，王国俊. 粒计算的一种覆盖模型[J]. 软件学报，2010，21（11）: 2782-2789.

[35] Mauricio M A, Castillo O, Castro J R, et al. Fuzzy granular gravitational

clustering algorithm for multivariate data[J]. Information Sciences, 2014, 279(20): 498-511.

[36] 邱桃荣，刘清，黄厚宽. 多值信息中基于粒计算的多概念获取算法[J]. 模式识别和人工智能，2009，22（1）：22-27.

[37] Skowron A, Stepaniuk J, Swiniarski R. Approximation spaces in rough-granular computing[J]. Fundamenta Informaticae, 2010, 100(1-4): 141-157.

[38] Dong R J，Pedrycz W. A granular time series approach to long-time forecasting and trend forecasting[J]. Physica A，2008，387(13): 3253-3270.

[39] Pawlak Z. Rough sets[J]. Information Sciences, 1982, 11（5）: 341-356.

[40] Deng X F, Yao Y Y. Decision-theoretic three-way approximations of fuzzy sets[J]. Information Sciences, 2014, 279: 702-715.

[41] Yao Y Y. The superiority of three-way decisions in probabilistic rough set models[J]. Information Sciences, 2011, 181: 1080-1096.

[42] Yao Y Y. Probabilistic rough set approximations[J]. International Journal of Approximate Reasoning，2008，49（2）: 255-271.

[43] Kryszkiewicz M. Rough set approach to incomplete information systems[J]. Information Sciences, 1998, 112（1-4）: 39-49.

[44] 尹旭日，商琳. 不完备信息系统中 Rough 集的扩充模型[J]. 南京大学学报（自然科学），2006，42（4）: 337-341.

[45] 王国胤. Rough 集理论在不完备信息系统的扩充[J]. 计算机研究与发展，2002，39（10）: 1238-1243.

[46] Yao Y Y, Wong S K M. A decision theoretic framework for approximating concepts[J]. International Journal of Man-Machine Studies, 1992, 37: 793-809.

[47] Yao Y Y. Three-way decisions with probabilistic rough sets[J]. Information Sciences, 2010, 180(3): 341-353.

[48] Ziarko W. Varable presicion rough set model[J]. Journal of Computer System Sciences, 1993, 46(1): 39-59.

[49] Slowinski R, Vanderpooten D. A generalized definition of rough approximations based on similarity[J]. IEEE Transactions on Knowledge and Data Engineering, 2000, 12(2): 331-336.

[50] Greco S, Matarazzo B, Slowinski R. Rough approximation of a preference relation by dominace relations[J]. European Journal of Operational Reasearch，1999, 117(1): 63-83.

[51] Herbert J P, Yao J T, Slowinski R. Criteria for choosing a rough set model[J]. Computer and Mathematics with Application, 2009，57(6): 908-918.

[52] Pawlak Z, Wong S K M. Rough set: Probabilistic versus deterministic approach[J]. International Journal of Man-Machine Studies, 1998, 29（29）: 81-95.

[53] Inuiguchi M, Yoshioka Y, Kusunoki Y. Varable-presicion dominace-based rough set approach and attribute reduction[J]. International Journal of Approximate Reasoning, 2009, 50(8): 1199-1214.

[54] Hu Q H, Yu D R, Guo M Z. Fuzzy preference based rough sets[J]. Information Sciences, 2010, 180(10): 2003-2022.

[55] Yan R X，Zheng J G, Liu J L，et al. Research on the model of rough set over dual-universes[J]. Knowledge-Based Systems, 2010, 23(8): 817-822.

[56] Sun B Z, Ma W M. Fuzzy rough set model on two different universes and its application[J]. Applied Mathematical Modeling, 2011, 35(4): 1798-1809.

[57] 胡军，王国胤，张清华. 一种覆盖粗糙模糊集模型[J]. 软件学报，2010，21（5）: 968-977.

[58] Yang X B. The models of dominance-based multi-granulation rough sets[J]. Bio-Inspired Computing and Applications, 2012, 6840: 657-664.

[59] Wang L J, Yang X B， Yang J Y, etc . Incomplete multigranulation rough sets in incomplete ordered decision system[J]. Bio-Inspired Computing and Applications, 2012, 6840: 323-330.

[60] 张明，唐振民，徐维艳，杨习贝. 可变多粒度粗糙集模型[J]. 模型识别与人工智能，2012，4（25）: 709-720.

[61] Lin G P, Qian Y H, Li J J. NMGRS: Neighborhood-based multi-granulation rough sets[J]. International Journal of Approximate Reasoning, 2012, 53（7）: 1080-1093.

[62] Lin G P, Liang J Y, Qian Y H. Multi-granulation rough set: From partition to covering[J]. Information Sciences, 2013, 241（12）: 101-118.

[63] 黄婿，李进金. 最小描述的多粒度覆盖粗糙集模型[J]. 计算机工程与应用, 2013, 49（9）: 134-139.

[64] Xu W H, Wang Q R, Zhang X T. Multi-granulation fuzzy rough set models on tolerance relations[C]. Proceeding of The Fourth International Workshop on Advanced Computational Intelligence，2011: 19-21

[65] 李子勇. 基于覆盖的多粒度决策理论粗糙集模型[J]. 兰州大学学报（自然科学版），2014，50（2）: 240-250.

[66] Qian Y H, Zhang H, Sang Y L. Multigranulation decision-theoretic rough sets[J]. International Journal of Approximate Reasoning, 2014, 55（1）:225-237.

[67] 杨习贝，窦慧莉，杨静宇. 基于等价关系的混合多粒度粗糙集[J]. 计算机科学，2012，39（11）: 165-169.

[68] Leung, Y, Fischer M M， Wu W Z, et al. A rough set approach for the discovery of classification rules in interval-valued information systems[J]. International Journal of Approximate Reasoning, 2008, 47(2): 233-246.

[69] Chen H M, Li T R, Ruan D. Dynamic maintenance of approximations under a rough-set based variable precision limited tolerance relation[J].

Journal of Multiple-Valued Logic and Soft Computing, 2012, 18（5）: 577-598.

[70] 张文修，吴伟志. 基于随机集的粗糙集模型[J]. 西安交通大学学报，2000，34（12）: 75-79.

[71] 朱琼瑶，张光新，冯天恒，等. 基于粗糙集和证据理论的水质分析预警技术研究[J]. 浙江大学学报，2012，38（6）: 747-754.

[72] Yao Y Y. Relational interpretations of neighborhood operators and rough set approximation operators[J]. Information Sciences, 1998, 111(1-4): 239-259.

[73] Wu W Z, Zhang W X. Neighborhood operator systems and approximations[J]. Information Sciences, 2002, 111(1-4): 201-217.

[74] Slowiński R. intelligent decision support[M]. Berlin: springer netherlands, 1992, 11: 331-362.

[75] Wang J, Wang J. Reduction algorithms based on discernibility matrix: The ordered attributes method[J]. Journal of Computer Science and Technology, 2001, 16（6）: 489-504.

[76] Zhang W X, Wei L, Qi J J. Attribute reduction in concept lattice based on discernibility matrix[C]. Lecture Notes in Computer Science, 2005, 3642: 157-165.

[77] Wang B, Chen S B. Complete algorithm for attribute reduction based on discernibility matrix[J]. Journal of Shanghai Jiaotong University, 2004, 38（1）: 43-46.

[78] Chen D G, Wang C Z, Hu Q H. A new approach to attribute reduction of consistent and inconsistent covering decision systems with covering rough sets[J]. Information Sciences, 2007, 177（17）: 3500-3518.

[79] 周献中，李华雄. 广义约简、核与分辨矩阵[J]. 控制与决策，2010，25（10）: 2164-2166.

[80] 张颖淳，苏伯洪，曹娟. 基于粗糙集的属性约简在数据挖掘中的应用

研究[J]. 计算机科学，2013，40（8）: 223-226.

[81] Miao D Q, Zhao Y, Yao Y Y, et al. Relation reducts in consistent and inconsistent decision tables of the Pawlak rough set model[J]. Information Sciences, 2009, 179（179）: 4140-4150.

[82] 刘少辉，盛秋戬，史忠植. 一种新的快速计算正区域的方法. 计算机研究与发展，2003，40（5）: 637-642.

[83] 徐章艳，刘作鹏，杨炳儒，等. 一个复杂度为 max(O)|C||U|), O(|C|~2|U/C|))的快速属性约简算法[J]. 计算机学报，2006，29（3）: 391-399.

[84] 刘勇，熊蓉，褚健. Hash 快速属性约简算法[J]. 计算机学报，2009，32（8）: 1493-1499.

[85] 冯林，罗芬，方丹，原永乐. 基于改进扩展正域的属性核与属性约简方法[J]. 山东大学学报，2012，47（1）: 73-76.

[86] 景运革，李天瑞. 一种基于关系矩阵的决策信息系统正域约简算法[J]. 计算机科学，2013，40（11）: 261-264.

[87] 苗夺谦，胡桂荣. 知识约简的一种启发式算法[J]. 计算机研究与发展，1999，36（6）: 42-45.

[88] 王国胤，于洪，杨大春. 基于条件信息熵的决策表约简[J]. 计算机学报，2002，25（7）: 759-766.

[89] 陈杰，蒋祖华，赵云松. 基于扩展的信息熵的决策表属性约简算法[J]. 计算机工程与应用，2007，43（7）: 167-169.

[90] 杨明. 决策表中基于条件信息熵的近似约简[J]. 电子学报，2007，35（11）: 2156-2160.

[91] 商琳，万琼，姚望舒，等. 一种连续值属性约简方法 ReCA[J]. 计算机研究与发展，2005，42（7）: 1217-1224.

[92] 黄兵，何新，周献中. 基于广义粗集覆盖约简的粗糙熵[J]. 软件学报，2004，15（2）: 215-220.

[93] 徐久成，孙林，马媛媛. 基于新的条件熵的决策表约简方法[J]. 计算

机工程与设计，2008，29（9）: 2313-2316.

[94] 刘薇，梁吉业，魏巍，钱宇华. 一种基于条件熵的增量式属性约简算法[J]. 计算机科学，2011，38（1）: 229-231.

[95] 陈媛，杨栋. 基于信息熵的属性约简算法及应用[J]. 重庆理工大学学报，2013，27（1）: 43-46.

[96] 张文修，米据生，吴伟志. 不协调目标信息系统的知识约简[J]. 计算机学报，2003，26（1）: 12-18.

[97] 胡峰，王国胤. 属性序下的快速约简算法[J]. 计算机学报，2007，30（8）: 1429-1435.

[98] 肖大伟，王国胤，胡峰. 一种基于粗糙集理论的快速并行属性约简算法[J]. 计算机科学，2009，36（3）: 208-211.

[99] 胡清华，于达仁，谢宗霞. 基于邻域粒化和粗糙逼近的数值属性约简[J]. 软件学报，2008，19（3）: 640-649.

[100] 冯林，李天瑞，余志强. 连续值属性决策信息系统中的可变精度粗糙集模型及属性约简[J]. 计算机科学，2010，37（9）: 205-208.

[101] 冯林，李天瑞. 基于 SQL 的属性核与约简高效计算方法[J]. 计算机科学，2010，37（1）: 236-238.

[102] 段洁，胡清华，张灵均，等. 基于邻域粗糙集的多标记分类特征选择算法. 计算机研究与发展，2015，52（1）: 56-65.

[103] Zhao Y, Wong S K M, Yao Y Y. Attribute reduction in decision-theoretic rough set models[J]. Information Sciences, 2008, 178（17）: 3356-3373.

[104] Yang T, Li Q G. Reduction about approximation spaces of covering generalized rough sets[J]. International Journal of Approximate Reasoning, 2010, 51（3）: 335-345.

[105] 钱宇华，梁吉业，王锋. 面向非完备决策信息系统的正向近似特征选择加速算法[J]. 计算机学报, 2011, 34（3）: 3435-3442.

[106] Inuiguchi M, Yoshioka Y, Kusunoki Y. Variable-precision dominance-based rough set approach and attribute reduction[J]. International

Journal of Approximate Reasoning, 2009, 50(8): 1199-1214.

[107] Wu W Z. Attribute reduction based on evidence theory in incomplete decision systems [J]. Information Sciences, 2008, 178(5): 1355-1371.

[108] Yang F, Guan Y Y, Du L. Attribute reduction and optimal decision rules acquisition in interval valued information systems[J]. Information Sciences, 2009, 179(17): 2974-2984.

[109] Hu Q H, An S, Yu D R. Soft fuzzy rough sets for robust feature evaluation and selection[J]. Information Sciences, 2010, 180(22): 4384-4400.

[110] 黄兵，胡作进，周献中. 优势模糊粗糙模型及其在审计风险评估中的应用[J]. 控制与决策，2009，24（6）: 899-902.

[111] 于洪，姚园，赵军. 一种有效的基于风险最小化的属性约简算法[J]. 南京大学学报，2013，49（2）: 211-216.

[112] 许韦，吴陈，杨习贝. 基于相似关系的变精度多粒度粗糙集[J]. 科学技术与工程，2013，13（9）: 2517-2522.

[113] Liang J Y, Wang F, Dang C Y, et al. An efficient rough feature selection algorithm with a multi-granulation view[J]. International Journal of Approximate Reasoning, 2012, 53(6): 912-926.

[114] 桑妍丽，钱宇华. 一种悲观多粒度中的粒度约简算法[J]. 模式识别与人工智能，2012，25（3）: 361-366.

[115] Qian Y H, Liang J Y, Yao Y Y, et al. MGRS: a multi-granulation rough set[J]. Information Sciences, 2010, 180（6）: 949-970.

[116] 李顺勇，钱宇华. 基于多粒度粗糙决策下的属性约简算法[J]. 中北大学学报，2013，151（5）: 589-592.

[117] Liu X, Qian Y H, Liang J Y. A rule-extraction framework under multigranulation rough sets[J]. International Journal of Machine Learning and Cybernetics, 2014, 5(2): 319-326.

[118] Lin Y J, Li J J, Lin P R, et al. Feature select via neighborhood

multigranulation fusion [J]. Knowledge-Based Systems, 2014, 67: 162-168.

[119] 刘洋，冯博琴，周江卫. 基于差别矩阵的增量式属性约简完备算法[J]. 西安交通大学学报，2007，41（2）: 158-161.

[120] Xu Y T, Wang, L S, Zhang R Y. A dynamic attribute reduction algorithm based on 0-1 integer programming[J]. Knowledge-Based Systems, 2011, 24（8）: 1341-1347.

[121] Liang J Y, Wang F, Dang C Y, et al. A group incremental approach to feature selection applying rough set technique[J]. IEEE Transactions on Knowledge and Data Engineering, 2014, 26（2）: 294-308.

[122] 杨明. 一种基于改进差别矩阵的属性约简增量式更新算法[J]. 软件学报，2007，30（5）: 815-822.

[123] 罗来鹏. 一种增量式属性约简更新算法[J]. 沈阳大学学报（自然科学版），2013，25（3）: 246-249.

[124] 钱文彬，杨炳儒，徐章艳，张长胜. 基于信息熵的核属性增量式高效更新算法[J]. 模式识别与人工智能，2013，26（1）: 42-49.

[125] Jiang F, Sui Y F, Cao C G. An incremental decision tree algorithm based on rough sets and its application in intrusion detection[J]. Artificial Intelligence Review, 2013, 40（4）: 517-530.

[126] Fan Y N, Huang C C, Chern C C. Rule induction based on an incremental rough set[J]. Expert Systems with APPlication, 2009, 36（9）: 11439-11450.

[127] Lang G M, Li Q G, Cai M J, et al. Incremental approaches to computing approximations of sets in dynamic covering approximation spaces[J]. Rough Sets and KnowledgeTechnology, [S.l.]: Springer, 2014: 510-521.

[128] 谭旭. 改进分辨矩阵下的增量式条件属性约简算法[J]. 系统工程理论与实践，2010，30（9）: 1684-1694.

[129] 官礼和，王国胤，于洪. 属性序下的增量式 Pawlak 约简算法[J]. 西

南交通大学学报，2011，46（3）: 461-468.

[130] Qian Y H, Liang J Y, Pedrycz W, et al. Positive approximation: An accelerator for attribute reduction in rough set theory[J]. Artificial Intelligence, 2010, 174（9-10）: 597-618.

[131] Wang F, Liang J Y, Dang C Y. Attribute reduction: A dimension incremental strategy[J]. Knowledge-Based Systems, 2013, 39（2）: 95-108.

[132] 王磊，李天瑞. 一种基于矩阵的知识粒度计算方法[J]. 模式识别与人工智能，2013，26（5）: 448-453.

[133] 王磊，叶军. 知识粒度计算的矩阵方法及其在属性约简中的应用[J]. 计算机工程与科学，2013，35（3）: 98-102.

[134] Zeng A P, Li T R, Liu D, et al. A fuzzy rough set approach for incremental feature selection on hybrid information systems[J]. Fuzzy Sets and Systems, 2015, 258（1）: 39-60.

[135] Shu W H, Shen H. Updating attribute reduct in incomplete decision systems with the variation of attribute set[J]. International Journal of Approximate Reasoning, 2014, 55（3）: 867-884.

[136] Chan C C. A rough set approach to attribute generalization in data mining[J]. Information Sciences, 1998, 107（1-4）: 169-176.

[137] Li T R, Ruan D, Geert W, et al. A rough sets based characteristic relation approach for dynamic attribute generalization in data mining[J]. Knowledge-Based Systems, 2007, 20（5）: 485-494.

[138] Cheng Y. The incremental method for fast computing the rough fuzzy approximations [J]. Data & Knowledge Engineering, 2011, 70（1）: 84-100.

[139] 夏富春，苗夺谦，李道国. 信息系统属性增量约简算法的设计于实现[J]. 计算机工程与应用，2006，42（21）: 149-152.

[140] Yang X B, Qi Y S, Yu H L, et al. Updating multigranulation rough

approximations with increasing of granular structures[J]. Knowledge-Based Systems, 2014, 64: 59-69.

[141] Jing Y G, Li T R. A matrix-based incremental attribute reduction approach under knowledge granularity on the variation of attribute set[C]. In: Proceedings of the tenth International Conference on Intelligent Systems and Knowledge Engineering （ISKE2015）, Taipei, Springer, 2015, 34-39.

[142] Wang F, Liang J Y, Qian Y H. Attribute reduction for dynamic data sets[J]. Applied Soft Computing, 2013, 13（1）: 676-689.

[143] 王磊，洪志全，万旎. 属性值变化时变精度粗糙集模型中近似集动态更新的矩阵方法研究[J]. 计算机应用研究，2013，30(7): 2010-2013.

[144] Chen H M,Li T R,Ruan D. Maintenance of approximations in incomplete ordered decision systems while attribute values coarsening or refining[J]. Knowledge-Based Systems, 2012, 31（7）: 140-161.

[145] 季晓岚，李天瑞，邹维丽，陈红梅. 优势关系下属性值粗化细化时近似集分析[J]. 计算机工程，2010，36（12）: 33-35.

[146] Chen H M, Li T R, Luo C, et al. a rough set-based method for updating decision rules on attribute values' coarsening and refining[J]. IEEE Transactions on Knowledge and Data Engineering, 2014, 26（12）: 2886-2899.

[147] Lang G M, Li Q G, Yang T. An incremental approach to attribute reduction of dynamic set-valued information systems[J]. International Journal of Machine Learning and Cybernetics, 2014, 5（5）: 775-788.

[148] Pawlak Z. Rough sets: Theoretical aspects of reasoning about data[M]. Norwell, USA: Kluwer Academic Publishers, Boston, 1991.

[149] She Y H, He X L. On the structure of the multigranulation rough set model[J]. Knowledge-Based Systems, 2012, 36（6）: 81-92.

[150] 刘建亚，吴臻，秦静. 线性代数[M]. 北京:高等教育出版社，2010.

[151] Pawlak Z, Skowron A. Rough sets and boolen reasoning[J]. Information Sciences, 2007, 177（1）: 41-73.

[152] Pawlak Z, Skowron A. Rough sets：some extensions[J]. Information Sciences, 2007, 177（1）: 28-40.

[153] Pawlak Z, Skowron A. Rudiments of rough sets[J]. Information Sciences, 2007, 177（1）: 3-27.

[154] Zhang J B, Li T R, Ruan D, et al. A parellel method for computing rough set approximations[J]. Information Sciences, 2010, 194（5）: 209-223.

[155] 李天瑞，罗川，陈红梅，张钧波. 大数据挖掘的原理与方法：基于粒计算与粗糙集的视角[M]. 北京:科学出版社，2016.

[156] Li T Y, Luo C, Chen H M, Zhang J B. Pickt: A solution for big data analysis[J]. Lecture Notes in Computer Science, 2015, 19436: 15-25.

[157] Li T Y, Ruan D, Shen Y J, et al. A new weighting approach based on rough set theory and granular computing for road safety indicator analysis[J]. Computational Intelligence, 2016, 32（4）: 517-53.

[158] Jing Y G, Li T Y, Luo C, et al. An incremental approach for attribute reduction based on knowledge granularity[J]. Knowledge-Based Systems, 2016, 104: 24-38.

[159] Jing Y G, Li T Y, Huang J F, et al. An incremental attribute reduction approach based on knowledge granularity under the attribute generalization[J]. International Journal of Approximate Reasoning, 2016, 76: 80-95.

[160] Chen H M, Li T Y, Cai Y et al. Parallel attribute reduction in dominance-based neighborhood rough set[J], Information Sciences, 2016, 373: 351-368.

[161] Zhang J B, Zhu Y, Pan Y, et al. Efficient parallel boolean matrix based algorithms for computing composite rough set approximations[J],

Information Sciences, 2016, 329: 287-302.

[162] Yu Z, Li T Y, Horng S J, et al. An iterative locally auto-weighted least squares method for microarray missing value estimation[J], IEEE Transaction on Nanobioscience, 2017, 16（1）: 21-33.

[163] Wang Z Y, Xing H L, Li T Y, et al. A modified ant colony optimization algorithm for network coding resource minimization[J], IEEE Transactions on Evolutionary Computation, 2016, 20（3）: 325- 342.

[164] Yunge Jing, Tianrui Li, Junfu Huang, Guoyin Wang, Hongmei Chen. A group incremental reduction approach with varying data values. International Journal of Intelligent Systems, 2016, DOI: 10. 1002/int. 21876.

[165] Yunge Jing, Tianrui Li, Hamido Fujita, Zeng Yu, Bin Wang. An incremental attribute reduction approach based on knowledge granularity with a multi-granulation. Information Sciences, 2017, DOI: 10.1016/j.ins. 2017.05.003.

[166] 景运革. 一种基于关系矩阵决策表增量式约简算法. 小型微型计算机系统，2015，36（5）：1069-1072.

[167] 景运革. 一种基于属性值粗化的决策表正域约简算法. 微电子学与计算机，2015，（2）：47-51.

[168] 景运革，黄峻福. 一种基于关系矩阵维度增量式约简算法. 微电子学与计算机，2015，（4）：155-158.